この本の特長と使い方

✎ 問題回数ギガ増しドリル！

かけ算・わり算で学習する内容が、この1冊でたっぷり学べます。

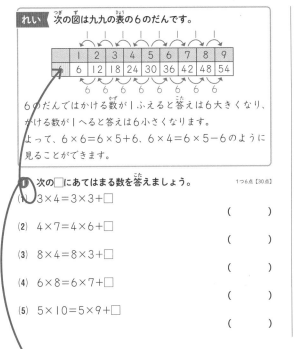

18 かけ算のきまり①

目ひょう時間 ⏱ 20分

学習した日　月　日
名前

れい 次の図は九九の表の6のだんです。

	1	2	3	4	5	6	7	8	9
6	6	12	18	24	30	36	42	48	54

6のだんではかける数が1ふえると答えは6大きくなり、かける数が1へると答えは6小さくなります。
よって、6×6＝6×5＋6、6×4＝6×5－6のように見ることができます。

❶ 次の□にあてはまる数を答えましょう。　1つ6点【30点】
(1) 3×4＝3×3＋□　（　　）
(2) 4×7＝4×6＋□　（　　）
(3) 8×4＝8×3＋□　（　　）
(4) 6×8＝6×7＋□　（　　）
(5) 5×10＝5×9＋□　（　　）

❷ 次の□にあてはまる数　　1つ6点【30点】
(1) 5×3＝5×4－□　（　　）
(2) 7×7＝7×8－□　（　　）
(3) 9×3＝9×4－□　（　　）
(4) 2×6＝2×7－□　（　　）
(5) 6×0＝6×1－□　（　　）

❸ 次の□にあてはまる数を答えましょう。　1つ8点
(1) 4×7＝4×5＋4×□　（　　）
(2) 6×9＝6×5＋6×□　（　　）
(3) 7×7＝7×2＋7×□　（　　）
(4) 5×7＝5×9－5×□　（　　）
(5) 8×3＝8×8－8×□　（　　）

✎ もう1回チャレンジできる！

裏面には、表面と同じ問題を掲載。
解きなおしや復習がしっかりできます。

裏面　→

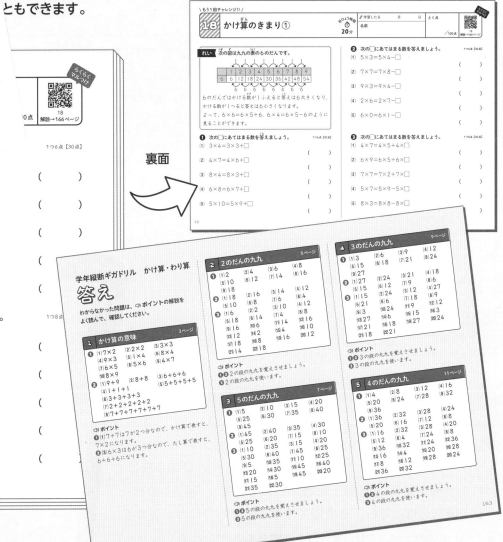

✎ バッチリわかる解き方例！

この単元で学習する内容が登場。
先どり学習にも最適です。

✎ マルつけはスマホでサクッと！

その場でサクッと、赤字解答入り誌面が見られます。

くわしくはp.2へ

✎「答え」のページはていねいな解説つき！

解き方がわかる ◁)) ポイントがついています。

1

📱 スマホでサクッと！
らくらくマルつけシステム

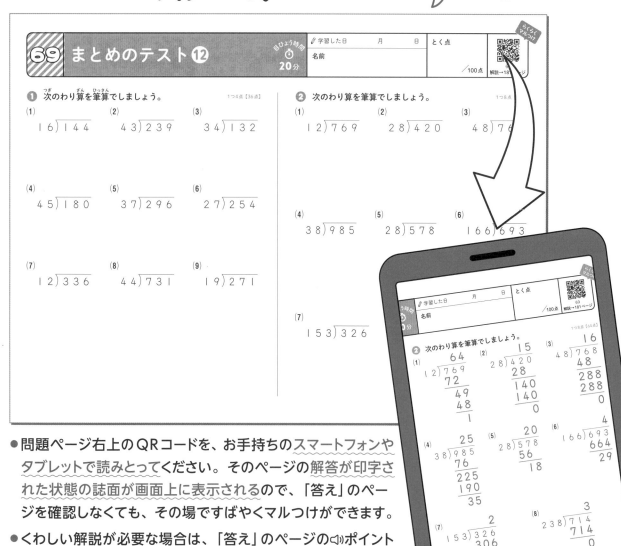

「答え」のページを
見なくても！
その場でスピーディーに！

🎖 プラスαの学習効果で
成績ぐんのび！

パズル問題で考える力を育みます。

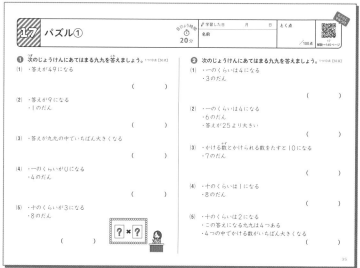

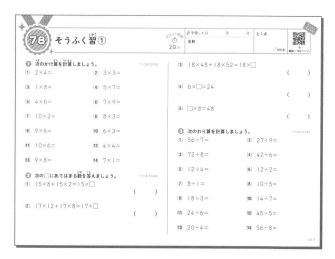

● 問題ページ右上のQRコードを、お手持ちのスマートフォンやタブレットで読みとってください。そのページの解答が印字された状態の誌面が画面上に表示されるので、「答え」のページを確認しなくても、その場ですばやくマルつけができます。

● くわしい解説が必要な場合は、「答え」のページの🔊ポイントをご確認ください。

巻末のそうふく習で、
今より一歩先までがんばれます。

れい 次のたし算をかけ算で、かけ算をたし算で表します。

$2+2+2=2×3$

2が3つ分なので、2+2+2は
2×3で表すことができます。

$3×5=3+3+3+3+3$

3が5つ分なので、3×5は
3+3+3+3+3で表すこと
ができます。

---

1 次のたし算をかけ算で表しましょう。

1つ6点【60点】

(1)　$7+7=$

(2)　$2+2=$

(3)　$3+3+3=$

(4)　$9+9+9=$

(5)　$1+1+1+1=$

(6)　$8+8+8+8=$

(7)　$6+6+6+6+6=$

(8)　$5+5+5+5+5+5=$

(9)　$4+4+4+4+4+4+4=$

(10)　$8+8+8+8+8+8+8+8+8=$

2 次のかけ算をたし算で表しましょう。

1つ5点【40点】

(1)　$9×2=$

(2)　$8×2=$

(3)　$6×3=$

(4)　$1×3=$

(5)　$5×4=$

(6)　$3×4=$

(7)　$2×5=$

(8)　$7×6=$

かけ算の意味

目ひょう時間 ⏱ **20分**

学習した日　　月　　日　名前

とく点 ／100点

 01
解説→163ページ

れい 次のたし算をかけ算で、かけ算をたし算で表します。

$2+2+2=2\times3$
2が3つ分なので、2+2+2は
2×3で表すことができます。

$3\times5=3+3+3+3+3$
3が5つ分なので、3×5は
3+3+3+3+3で表すこと
ができます。

---

❶ 次のたし算をかけ算で表しましょう。　1つ6点【60点】

(1) $7+7=$　　　(2) $2+2=$

(3) $3+3+3=$

(4) $9+9+9=$

(5) $1+1+1+1=$

(6) $8+8+8+8=$

(7) $6+6+6+6+6=$

---

(8) $5+5+5+5+5+5=$

(9) $4+4+4+4+4+4+4=$

(10) $8+8+8+8+8+8+8+8+8=$

❷ 次のかけ算をたし算で表しましょう。　1つ5点【40点】

(1) $9\times2=$

(2) $8\times2=$

(3) $6\times3=$

(4) $1\times3=$

(5) $5\times4=$

(6) $3\times4=$

(7) $2\times5=$

(8) $7\times6=$

❶ 次のかけ算を計算しましょう。　　　　1つ2点【18点】

(1) $2 \times 1 =$　　　　(2) $2 \times 2 =$

(3) $2 \times 3 =$　　　　(4) $2 \times 4 =$

(5) $2 \times 5 =$　　　　(6) $2 \times 6 =$

(7) $2 \times 7 =$　　　　(8) $2 \times 8 =$

(9) $2 \times 9 =$

❷ 次のかけ算を計算しましょう。　　　　1つ2点【16点】

(1) $2 \times 9 =$　　　　(2) $2 \times 8 =$

(3) $2 \times 7 =$　　　　(4) $2 \times 6 =$

(5) $2 \times 5 =$　　　　(6) $2 \times 4 =$

(7) $2 \times 3 =$　　　　(8) $2 \times 2 =$

❸ 次のかけ算を計算しましょう。　　　　1つ3点【66点】

(1) $2 \times 3 =$　　　　(2) $2 \times 1 =$

(3) $2 \times 5 =$　　　　(4) $2 \times 6 =$

(5) $2 \times 9 =$　　　　(6) $2 \times 7 =$

(7) $2 \times 2 =$　　　　(8) $2 \times 4 =$

(9) $2 \times 8 =$　　　　(10) $2 \times 3 =$

(11) $2 \times 7 =$　　　　(12) $2 \times 8 =$

(13) $2 \times 6 =$　　　　(14) $2 \times 1 =$

(15) $2 \times 2 =$　　　　(16) $2 \times 5 =$

(17) $2 \times 9 =$　　　　(18) $2 \times 4 =$

(19) $2 \times 8 =$　　　　(20) $2 \times 6 =$

(21) $2 \times 7 =$　　　　(22) $2 \times 9 =$

2　2のだんの九九

学習した日　　　月　　　日

名前

とく点

／100点

らくらく
マルつけ

02

解説→163ページ

---

❶ 次のかけ算を計算しましょう。　　　　1つ2点【18点】

(1) 2×1＝　　　　　　(2) 2×2＝

(3) 2×3＝　　　　　　(4) 2×4＝

(5) 2×5＝　　　　　　(6) 2×6＝

(7) 2×7＝　　　　　　(8) 2×8＝

(9) 2×9＝

❷ 次のかけ算を計算しましょう。　　　　1つ2点【16点】

(1) 2×9＝　　　　　　(2) 2×8＝

(3) 2×7＝　　　　　　(4) 2×6＝

(5) 2×5＝　　　　　　(6) 2×4＝

(7) 2×3＝　　　　　　(8) 2×2＝

---

❸ 次のかけ算を計算しましょう。　　　　1つ3点【66点】

(1) 2×3＝　　　　　　(2) 2×1＝

(3) 2×5＝　　　　　　(4) 2×6＝

(5) 2×9＝　　　　　　(6) 2×7＝

(7) 2×2＝　　　　　　(8) 2×4＝

(9) 2×8＝　　　　　　(10) 2×3＝

(11) 2×7＝　　　　　　(12) 2×8＝

(13) 2×6＝　　　　　　(14) 2×1＝

(15) 2×2＝　　　　　　(16) 2×5＝

(17) 2×9＝　　　　　　(18) 2×4＝

(19) 2×8＝　　　　　　(20) 2×6＝

(21) 2×7＝　　　　　　(22) 2×9＝

③ 5のだんの九九

目ひょう時間 🕐 20分

学習した日　　　月　　　日

名前

とく点

／100点

03
解説→163ページ

---

❶ 次のかけ算を計算しましょう。　　1つ2点【18点】

(1) $5 \times 1 =$　　　　　(2) $5 \times 2 =$

(3) $5 \times 3 =$　　　　　(4) $5 \times 4 =$

(5) $5 \times 5 =$　　　　　(6) $5 \times 6 =$

(7) $5 \times 7 =$　　　　　(8) $5 \times 8 =$

(9) $5 \times 9 =$

❷ 次のかけ算を計算しましょう。　　1つ2点【16点】

(1) $5 \times 9 =$　　　　　(2) $5 \times 8 =$

(3) $5 \times 7 =$　　　　　(4) $5 \times 6 =$

(5) $5 \times 5 =$　　　　　(6) $5 \times 4 =$

(7) $5 \times 3 =$　　　　　(8) $5 \times 2 =$

❸ 次のかけ算を計算しましょう。　　1つ3点【66点】

(1) $5 \times 2 =$　　　　　(2) $5 \times 7 =$

(3) $5 \times 3 =$　　　　　(4) $5 \times 4 =$

(5) $5 \times 6 =$　　　　　(6) $5 \times 8 =$

(7) $5 \times 9 =$　　　　　(8) $5 \times 5 =$

(9) $5 \times 1 =$　　　　　(10) $5 \times 7 =$

(11) $5 \times 2 =$　　　　　(12) $5 \times 5 =$

(13) $5 \times 4 =$　　　　　(14) $5 \times 6 =$

(15) $5 \times 9 =$　　　　　(16) $5 \times 8 =$

(17) $5 \times 3 =$　　　　　(18) $5 \times 1 =$

(19) $5 \times 9 =$　　　　　(20) $5 \times 4 =$

(21) $5 \times 7 =$　　　　　(22) $5 \times 6 =$

③ 5のだんの九九

目ひょう時間 ⏱ **20分**

✎ 学習した日　　　月　　　日

名前

とく点 ／100点

03
解説→163ページ

❶ 次のかけ算を計算しましょう。　　1つ2点【18点】

(1) 5×1＝

(2) 5×2＝

(3) 5×3＝

(4) 5×4＝

(5) 5×5＝

(6) 5×6＝

(7) 5×7＝

(8) 5×8＝

(9) 5×9＝

❷ 次のかけ算を計算しましょう。　　1つ2点【16点】

(1) 5×9＝

(2) 5×8＝

(3) 5×7＝

(4) 5×6＝

(5) 5×5＝

(6) 5×4＝

(7) 5×3＝

(8) 5×2＝

❸ 次のかけ算を計算しましょう。　　1つ3点【66点】

(1) 5×2＝

(2) 5×7＝

(3) 5×3＝

(4) 5×4＝

(5) 5×6＝

(6) 5×8＝

(7) 5×9＝

(8) 5×5＝

(9) 5×1＝

(10) 5×7＝

(11) 5×2＝

(12) 5×5＝

(13) 5×4＝

(14) 5×6＝

(15) 5×9＝

(16) 5×8＝

(17) 5×3＝

(18) 5×1＝

(19) 5×9＝

(20) 5×4＝

(21) 5×7＝

(22) 5×6＝

4 3のだんの九九

❶ 次のかけ算を計算しましょう。　　　　　　　　1つ2点【18点】

(1) $3 \times 1 =$　　　　　　(2) $3 \times 2 =$

(3) $3 \times 3 =$　　　　　　(4) $3 \times 4 =$

(5) $3 \times 5 =$　　　　　　(6) $3 \times 6 =$

(7) $3 \times 7 =$　　　　　　(8) $3 \times 8 =$

(9) $3 \times 9 =$

❷ 次のかけ算を計算しましょう。　　　　　　　　1つ2点【16点】

(1) $3 \times 9 =$　　　　　　(2) $3 \times 8 =$

(3) $3 \times 7 =$　　　　　　(4) $3 \times 6 =$

(5) $3 \times 5 =$　　　　　　(6) $3 \times 4 =$

(7) $3 \times 3 =$　　　　　　(8) $3 \times 2 =$

❸ 次のかけ算を計算しましょう。　　　　　　　　1つ3点【66点】

(1) $3 \times 5 =$　　　　　　(2) $3 \times 8 =$

(3) $3 \times 4 =$　　　　　　(4) $3 \times 9 =$

(5) $3 \times 7 =$　　　　　　(6) $3 \times 2 =$

(7) $3 \times 6 =$　　　　　　(8) $3 \times 3 =$

(9) $3 \times 1 =$　　　　　　(10) $3 \times 8 =$

(11) $3 \times 3 =$　　　　　　(12) $3 \times 4 =$

(13) $3 \times 9 =$　　　　　　(14) $3 \times 2 =$

(15) $3 \times 5 =$　　　　　　(16) $3 \times 1 =$

(17) $3 \times 7 =$　　　　　　(18) $3 \times 6 =$

(19) $3 \times 9 =$　　　　　　(20) $3 \times 8 =$

(21) $3 \times 6 =$　　　　　　(22) $3 \times 7 =$

4 3のだんの九九

目ひょう時間 ⏱ 20分

学習した日　　　月　　　日

名前

とく点　　　／100点

解説→163ページ

❶ 次のかけ算を計算しましょう。　　　　　1つ2点【18点】

(1)　$3 \times 1 =$　　　　　(2)　$3 \times 2 =$

(3)　$3 \times 3 =$　　　　　(4)　$3 \times 4 =$

(5)　$3 \times 5 =$　　　　　(6)　$3 \times 6 =$

(7)　$3 \times 7 =$　　　　　(8)　$3 \times 8 =$

(9)　$3 \times 9 =$

❷ 次のかけ算を計算しましょう。　　　　　1つ2点【16点】

(1)　$3 \times 9 =$　　　　　(2)　$3 \times 8 =$

(3)　$3 \times 7 =$　　　　　(4)　$3 \times 6 =$

(5)　$3 \times 5 =$　　　　　(6)　$3 \times 4 =$

(7)　$3 \times 3 =$　　　　　(8)　$3 \times 2 =$

❸ 次のかけ算を計算しましょう。　　　　　1つ3点【66点】

(1)　$3 \times 5 =$　　　　　(2)　$3 \times 8 =$

(3)　$3 \times 4 =$　　　　　(4)　$3 \times 9 =$

(5)　$3 \times 7 =$　　　　　(6)　$3 \times 2 =$

(7)　$3 \times 6 =$　　　　　(8)　$3 \times 3 =$

(9)　$3 \times 1 =$　　　　　(10)　$3 \times 8 =$

(11)　$3 \times 3 =$　　　　　(12)　$3 \times 4 =$

(13)　$3 \times 9 =$　　　　　(14)　$3 \times 2 =$

(15)　$3 \times 5 =$　　　　　(16)　$3 \times 1 =$

(17)　$3 \times 7 =$　　　　　(18)　$3 \times 6 =$

(19)　$3 \times 9 =$　　　　　(20)　$3 \times 8 =$

(21)　$3 \times 6 =$　　　　　(22)　$3 \times 7 =$

目ひょう時間 ⏱ **20分**

✎学習した日　　　月　　　日
名前
とく点　　　／100点

05
解説→163ページ

❶ 次のかけ算を計算しましょう。　　　　1つ2点【18点】

(1) $4 \times 1 =$　　　　(2) $4 \times 2 =$

(3) $4 \times 3 =$　　　　(4) $4 \times 4 =$

(5) $4 \times 5 =$　　　　(6) $4 \times 6 =$

(7) $4 \times 7 =$　　　　(8) $4 \times 8 =$

(9) $4 \times 9 =$

❷ 次のかけ算を計算しましょう。　　　　1つ2点【16点】

(1) $4 \times 9 =$　　　　(2) $4 \times 8 =$

(3) $4 \times 7 =$　　　　(4) $4 \times 6 =$

(5) $4 \times 5 =$　　　　(6) $4 \times 4 =$

(7) $4 \times 3 =$　　　　(8) $4 \times 2 =$

❸ 次のかけ算を計算しましょう。　　　　1つ3点【66点】

(1) $4 \times 4 =$　　　　(2) $4 \times 8 =$

(3) $4 \times 7 =$　　　　(4) $4 \times 5 =$

(5) $4 \times 3 =$　　　　(6) $4 \times 1 =$

(7) $4 \times 6 =$　　　　(8) $4 \times 2 =$

(9) $4 \times 9 =$　　　　(10) $4 \times 8 =$

(11) $4 \times 6 =$　　　　(12) $4 \times 9 =$

(13) $4 \times 4 =$　　　　(14) $4 \times 1 =$

(15) $4 \times 5 =$　　　　(16) $4 \times 7 =$

(17) $4 \times 2 =$　　　　(18) $4 \times 3 =$

(19) $4 \times 7 =$　　　　(20) $4 \times 6 =$

(21) $4 \times 9 =$　　　　(22) $4 \times 8 =$

5 4のだんの九九

目ひょう時間 ⏱ **20**分

学習した日　　月　　日

名前

とく点　／100点

05
解説→163ページ

❶ 次のかけ算を計算しましょう。　1つ2点【18点】

(1) $4 \times 1 =$　　　　(2) $4 \times 2 =$

(3) $4 \times 3 =$　　　　(4) $4 \times 4 =$

(5) $4 \times 5 =$　　　　(6) $4 \times 6 =$

(7) $4 \times 7 =$　　　　(8) $4 \times 8 =$

(9) $4 \times 9 =$

❷ 次のかけ算を計算しましょう。　1つ2点【16点】

(1) $4 \times 9 =$　　　　(2) $4 \times 8 =$

(3) $4 \times 7 =$　　　　(4) $4 \times 6 =$

(5) $4 \times 5 =$　　　　(6) $4 \times 4 =$

(7) $4 \times 3 =$　　　　(8) $4 \times 2 =$

❸ 次のかけ算を計算しましょう。　1つ3点【66点】

(1) $4 \times 4 =$　　　　(2) $4 \times 8 =$

(3) $4 \times 7 =$　　　　(4) $4 \times 5 =$

(5) $4 \times 3 =$　　　　(6) $4 \times 1 =$

(7) $4 \times 6 =$　　　　(8) $4 \times 2 =$

(9) $4 \times 9 =$　　　　(10) $4 \times 8 =$

(11) $4 \times 6 =$　　　　(12) $4 \times 9 =$

(13) $4 \times 4 =$　　　　(14) $4 \times 1 =$

(15) $4 \times 5 =$　　　　(16) $4 \times 7 =$

(17) $4 \times 2 =$　　　　(18) $4 \times 3 =$

(19) $4 \times 7 =$　　　　(20) $4 \times 6 =$

(21) $4 \times 9 =$　　　　(22) $4 \times 8 =$

6 まとめのテスト❶

目ひょう時間 20分

 学習した日　　　月　　　日

名前

とく点

／100点

06
解説→164ページ

❶ 次のかけ算をたし算で、たし算をかけ算で、それぞれ表しましょう。

1つ5点【20点】

(1) $5 \times 3 =$

(2) $8 \times 4 =$

(3) $2 + 2 + 2 + 2 + 2 + 2 =$

(4) $6 + 6 + 6 + 6 + 6 + 6 + 6 + 6 =$

❷ 次のかけ算を計算しましょう。

1つ2点【20点】

(1) $2 \times 1 =$　　　(2) $2 \times 7 =$

(3) $2 \times 6 =$　　　(4) $5 \times 3 =$

(5) $5 \times 8 =$　　　(6) $5 \times 2 =$

(7) $3 \times 3 =$　　　(8) $3 \times 9 =$

(9) $4 \times 8 =$　　　(10) $4 \times 4 =$

❸ 次のかけ算を計算しましょう。

1つ3点【60点】

(1) $2 \times 4 =$　　　(2) $5 \times 7 =$

(3) $4 \times 7 =$　　　(4) $2 \times 8 =$

(5) $4 \times 2 =$　　　(6) $4 \times 3 =$

(7) $2 \times 2 =$　　　(8) $5 \times 6 =$

(9) $3 \times 1 =$　　　(10) $4 \times 1 =$

(11) $3 \times 6 =$　　　(12) $5 \times 9 =$

(13) $3 \times 5 =$　　　(14) $4 \times 5 =$

(15) $3 \times 8 =$　　　(16) $5 \times 4 =$

(17) $2 \times 3 =$　　　(18) $3 \times 4 =$

(19) $2 \times 9 =$　　　(20) $5 \times 5 =$

⑥ まとめのテスト❶

学習した日	月	日	とく点
名前			/100点

06
解説→164ページ

❶ 次のかけ算をたし算で、たし算をかけ算で、それぞれ表しましょう。

1つ5点【20点】

(1) $5 \times 3 =$

(2) $8 \times 4 =$

(3) $2+2+2+2+2+2 =$

(4) $6+6+6+6+6+6+6+6 =$

❷ 次のかけ算を計算しましょう。

1つ2点【20点】

(1) $2 \times 1 =$ (2) $2 \times 7 =$

(3) $2 \times 6 =$ (4) $5 \times 3 =$

(5) $5 \times 8 =$ (6) $5 \times 2 =$

(7) $3 \times 3 =$ (8) $3 \times 9 =$

(9) $4 \times 8 =$ (10) $4 \times 4 =$

❸ 次のかけ算を計算しましょう。

1つ3点【60点】

(1) $2 \times 4 =$ (2) $5 \times 7 =$

(3) $4 \times 7 =$ (4) $2 \times 8 =$

(5) $4 \times 2 =$ (6) $4 \times 3 =$

(7) $2 \times 2 =$ (8) $5 \times 6 =$

(9) $3 \times 1 =$ (10) $4 \times 1 =$

(11) $3 \times 6 =$ (12) $5 \times 9 =$

(13) $3 \times 5 =$ (14) $4 \times 5 =$

(15) $3 \times 8 =$ (16) $5 \times 4 =$

(17) $2 \times 3 =$ (18) $3 \times 4 =$

(19) $2 \times 9 =$ (20) $5 \times 5 =$

7 6のだんの九九

学習した日　　　月　　　日　　とく点

名前

／100点

07
解説→164ページ

① 次のかけ算を計算しましょう。　　1つ2点【18点】

(1) 6×1=　　　　　　(2) 6×2=

(3) 6×3=　　　　　　(4) 6×4=

(5) 6×5=　　　　　　(6) 6×6=

(7) 6×7=　　　　　　(8) 6×8=

(9) 6×9=

② 次のかけ算を計算しましょう。　　1つ2点【16点】

(1) 6×9=　　　　　　(2) 6×8=

(3) 6×7=　　　　　　(4) 6×6=

(5) 6×5=　　　　　　(6) 6×4=

(7) 6×3=　　　　　　(8) 6×2=

③ 次のかけ算を計算しましょう。　　1つ3点【66点】

(1) 6×8=　　　　　　(2) 6×1=

(3) 6×5=　　　　　　(4) 6×6=

(5) 6×4=　　　　　　(6) 6×7=

(7) 6×9=　　　　　　(8) 6×3=

(9) 6×2=　　　　　　(10) 6×8=

(11) 6×9=　　　　　　(12) 6×7=

(13) 6×6=　　　　　　(14) 6×2=

(15) 6×4=　　　　　　(16) 6×5=

(17) 6×1=　　　　　　(18) 6×3=

(19) 6×9=　　　　　　(20) 6×7=

(21) 6×8=　　　　　　(22) 6×6=

7 6のだんの九九

目ひょう時間 ⏱ 20分

🖉 学習した日　　　月　　　日

名前

とく点

／100点

07
解説→164ページ

---

❶ 次のかけ算を計算しましょう。　　　1つ2点【18点】

(1) $6 \times 1 =$　　　　　(2) $6 \times 2 =$

(3) $6 \times 3 =$　　　　　(4) $6 \times 4 =$

(5) $6 \times 5 =$　　　　　(6) $6 \times 6 =$

(7) $6 \times 7 =$　　　　　(8) $6 \times 8 =$

(9) $6 \times 9 =$

❷ 次のかけ算を計算しましょう。　　　1つ2点【16点】

(1) $6 \times 9 =$　　　　　(2) $6 \times 8 =$

(3) $6 \times 7 =$　　　　　(4) $6 \times 6 =$

(5) $6 \times 5 =$　　　　　(6) $6 \times 4 =$

(7) $6 \times 3 =$　　　　　(8) $6 \times 2 =$

---

❸ 次のかけ算を計算しましょう。　　　1つ3点【66点】

(1) $6 \times 8 =$　　　　　(2) $6 \times 1 =$

(3) $6 \times 5 =$　　　　　(4) $6 \times 6 =$

(5) $6 \times 4 =$　　　　　(6) $6 \times 7 =$

(7) $6 \times 9 =$　　　　　(8) $6 \times 3 =$

(9) $6 \times 2 =$　　　　　(10) $6 \times 8 =$

(11) $6 \times 9 =$　　　　　(12) $6 \times 7 =$

(13) $6 \times 6 =$　　　　　(14) $6 \times 2 =$

(15) $6 \times 4 =$　　　　　(16) $6 \times 5 =$

(17) $6 \times 1 =$　　　　　(18) $6 \times 3 =$

(19) $6 \times 9 =$　　　　　(20) $6 \times 7 =$

(21) $6 \times 8 =$　　　　　(22) $6 \times 6 =$

目ひょう時間 **20分**

学習した日　　　月　　　日　　とく点

名前

/100点

08
解説→164ページ

❶ 次のかけ算を計算しましょう。　　　　1つ2点【18点】

(1) 7×1＝　　　　　　　(2) 7×2＝

(3) 7×3＝　　　　　　　(4) 7×4＝

(5) 7×5＝　　　　　　　(6) 7×6＝

(7) 7×7＝　　　　　　　(8) 7×8＝

(9) 7×9＝

❷ 次のかけ算を計算しましょう。　　　　1つ2点【16点】

(1) 7×9＝　　　　　　　(2) 7×8＝

(3) 7×7＝　　　　　　　(4) 7×6＝

(5) 7×5＝　　　　　　　(6) 7×4＝

(7) 7×3＝　　　　　　　(8) 7×2＝

❸ 次のかけ算を計算しましょう。　　　　1つ3点【66点】

(1) 7×5＝　　　　　　　(2) 7×1＝

(3) 7×6＝　　　　　　　(4) 7×2＝

(5) 7×3＝　　　　　　　(6) 7×4＝

(7) 7×8＝　　　　　　　(8) 7×9＝

(9) 7×2＝　　　　　　　(10) 7×8＝

(11) 7×9＝　　　　　　　(12) 7×3＝

(13) 7×1＝　　　　　　　(14) 7×7＝

(15) 7×5＝　　　　　　　(16) 7×6＝

(17) 7×4＝　　　　　　　(18) 7×7＝

(19) 7×8＝　　　　　　　(20) 7×9＝

(21) 7×6＝　　　　　　　(22) 7×7＝

8 7のだんの九九

目ひょう時間 ⏱ 20分

✏ 学習した日		月	日	とく点
名前				/100点

解説→164ページ

---

❶ 次のかけ算を計算しましょう。　　1つ2点【18点】

(1) $7 \times 1 =$ 　　　　(2) $7 \times 2 =$

(3) $7 \times 3 =$ 　　　　(4) $7 \times 4 =$

(5) $7 \times 5 =$ 　　　　(6) $7 \times 6 =$

(7) $7 \times 7 =$ 　　　　(8) $7 \times 8 =$

(9) $7 \times 9 =$

❷ 次のかけ算を計算しましょう。　　1つ2点【16点】

(1) $7 \times 9 =$ 　　　　(2) $7 \times 8 =$

(3) $7 \times 7 =$ 　　　　(4) $7 \times 6 =$

(5) $7 \times 5 =$ 　　　　(6) $7 \times 4 =$

(7) $7 \times 3 =$ 　　　　(8) $7 \times 2 =$

---

❸ 次のかけ算を計算しましょう。　　1つ3点【66点】

(1) $7 \times 5 =$ 　　　　(2) $7 \times 1 =$

(3) $7 \times 6 =$ 　　　　(4) $7 \times 2 =$

(5) $7 \times 3 =$ 　　　　(6) $7 \times 4 =$

(7) $7 \times 8 =$ 　　　　(8) $7 \times 9 =$

(9) $7 \times 2 =$ 　　　　(10) $7 \times 8 =$

(11) $7 \times 9 =$ 　　　　(12) $7 \times 3 =$

(13) $7 \times 1 =$ 　　　　(14) $7 \times 7 =$

(15) $7 \times 5 =$ 　　　　(16) $7 \times 6 =$

(17) $7 \times 4 =$ 　　　　(18) $7 \times 7 =$

(19) $7 \times 8 =$ 　　　　(20) $7 \times 9 =$

(21) $7 \times 6 =$ 　　　　(22) $7 \times 7 =$

① 次のかけ算を計算しましょう。

1つ2点【18点】

(1) $8 \times 1 =$

(2) $8 \times 2 =$

(3) $8 \times 3 =$

(4) $8 \times 4 =$

(5) $8 \times 5 =$

(6) $8 \times 6 =$

(7) $8 \times 7 =$

(8) $8 \times 8 =$

(9) $8 \times 9 =$

② 次のかけ算を計算しましょう。

1つ2点【16点】

(1) $8 \times 9 =$

(2) $8 \times 8 =$

(3) $8 \times 7 =$

(4) $8 \times 6 =$

(5) $8 \times 5 =$

(6) $8 \times 4 =$

(7) $8 \times 3 =$

(8) $8 \times 2 =$

③ 次のかけ算を計算しましょう。

1つ3点【66点】

(1) $8 \times 9 =$

(2) $8 \times 5 =$

(3) $8 \times 2 =$

(4) $8 \times 6 =$

(5) $8 \times 4 =$

(6) $8 \times 8 =$

(7) $8 \times 7 =$

(8) $8 \times 3 =$

(9) $8 \times 1 =$

(10) $8 \times 7 =$

(11) $8 \times 9 =$

(12) $8 \times 2 =$

(13) $8 \times 1 =$

(14) $8 \times 8 =$

(15) $8 \times 6 =$

(16) $8 \times 5 =$

(17) $8 \times 4 =$

(18) $8 \times 3 =$

(19) $8 \times 6 =$

(20) $8 \times 7 =$

(21) $8 \times 8 =$

(22) $8 \times 9 =$

9 8のだんの九九

 目ひょう時間 **20分**

学習した日　　　月　　　日　　とく点

名前

／100点

 09 解説→164ページ

---

❶ 次のかけ算を計算しましょう。 1つ2点【18点】

(1) $8 \times 1 =$ 　　　(2) $8 \times 2 =$

(3) $8 \times 3 =$ 　　　(4) $8 \times 4 =$

(5) $8 \times 5 =$ 　　　(6) $8 \times 6 =$

(7) $8 \times 7 =$ 　　　(8) $8 \times 8 =$

(9) $8 \times 9 =$

❷ 次のかけ算を計算しましょう。 1つ2点【16点】

(1) $8 \times 9 =$ 　　　(2) $8 \times 8 =$

(3) $8 \times 7 =$ 　　　(4) $8 \times 6 =$

(5) $8 \times 5 =$ 　　　(6) $8 \times 4 =$

(7) $8 \times 3 =$ 　　　(8) $8 \times 2 =$

---

❸ 次のかけ算を計算しましょう。 1つ3点【66点】

(1) $8 \times 9 =$ 　　　(2) $8 \times 5 =$

(3) $8 \times 2 =$ 　　　(4) $8 \times 6 =$

(5) $8 \times 4 =$ 　　　(6) $8 \times 8 =$

(7) $8 \times 7 =$ 　　　(8) $8 \times 3 =$

(9) $8 \times 1 =$ 　　　(10) $8 \times 7 =$

(11) $8 \times 9 =$ 　　　(12) $8 \times 2 =$

(13) $8 \times 1 =$ 　　　(14) $8 \times 8 =$

(15) $8 \times 6 =$ 　　　(16) $8 \times 5 =$

(17) $8 \times 4 =$ 　　　(18) $8 \times 3 =$

(19) $8 \times 6 =$ 　　　(20) $8 \times 7 =$

(21) $8 \times 8 =$ 　　　(22) $8 \times 9 =$

目ひょう時間 ⏱ 20分

学習した日　　　月　　　日

名前

とく点　　／100点

10 解説→164ページ

① 次のかけ算を計算しましょう。 1つ2点【18点】

(1) $9 \times 1 =$　　　(2) $9 \times 2 =$

(3) $9 \times 3 =$　　　(4) $9 \times 4 =$

(5) $9 \times 5 =$　　　(6) $9 \times 6 =$

(7) $9 \times 7 =$　　　(8) $9 \times 8 =$

(9) $9 \times 9 =$

② 次のかけ算を計算しましょう。 1つ2点【16点】

(1) $9 \times 9 =$　　　(2) $9 \times 8 =$

(3) $9 \times 7 =$　　　(4) $9 \times 6 =$

(5) $9 \times 5 =$　　　(6) $9 \times 4 =$

(7) $9 \times 3 =$　　　(8) $9 \times 2 =$

③ 次のかけ算を計算しましょう。 1つ3点【66点】

(1) $9 \times 7 =$　　　(2) $9 \times 6 =$

(3) $9 \times 1 =$　　　(4) $9 \times 2 =$

(5) $9 \times 5 =$　　　(6) $9 \times 8 =$

(7) $9 \times 4 =$　　　(8) $9 \times 9 =$

(9) $9 \times 3 =$　　　(10) $9 \times 4 =$

(11) $9 \times 2 =$　　　(12) $9 \times 9 =$

(13) $9 \times 7 =$　　　(14) $9 \times 1 =$

(15) $9 \times 8 =$　　　(16) $9 \times 6 =$

(17) $9 \times 3 =$　　　(18) $9 \times 5 =$

(19) $9 \times 8 =$　　　(20) $9 \times 9 =$

(21) $9 \times 6 =$　　　(22) $9 \times 7 =$

9のだんの九九

ひょう時間 **20**分

学習した日　　　月　　　日　　名前　　　とく点　　／100点

10 解説→164ページ

❶ 次のかけ算を計算しましょう。　　　1つ2点【18点】

(1) $9 \times 1 =$　　　(2) $9 \times 2 =$

(3) $9 \times 3 =$　　　(4) $9 \times 4 =$

(5) $9 \times 5 =$　　　(6) $9 \times 6 =$

(7) $9 \times 7 =$　　　(8) $9 \times 8 =$

(9) $9 \times 9 =$

❷ 次のかけ算を計算しましょう。　　　1つ2点【16点】

(1) $9 \times 9 =$　　　(2) $9 \times 8 =$

(3) $9 \times 7 =$　　　(4) $9 \times 6 =$

(5) $9 \times 5 =$　　　(6) $9 \times 4 =$

(7) $9 \times 3 =$　　　(8) $9 \times 2 =$

❸ 次のかけ算を計算しましょう。　　　1つ3点【66点】

(1) $9 \times 7 =$　　　(2) $9 \times 6 =$

(3) $9 \times 1 =$　　　(4) $9 \times 2 =$

(5) $9 \times 5 =$　　　(6) $9 \times 8 =$

(7) $9 \times 4 =$　　　(8) $9 \times 9 =$

(9) $9 \times 3 =$　　　(10) $9 \times 4 =$

(11) $9 \times 2 =$　　　(12) $9 \times 9 =$

(13) $9 \times 7 =$　　　(14) $9 \times 1 =$

(15) $9 \times 8 =$　　　(16) $9 \times 6 =$

(17) $9 \times 3 =$　　　(18) $9 \times 5 =$

(19) $9 \times 8 =$　　　(20) $9 \times 9 =$

(21) $9 \times 6 =$　　　(22) $9 \times 7 =$

目ひょう時間 ⏱ 20分

✏ 学習した日　　　月　　　日

名前

とく点

／100点

11 解説→164ページ

❶ 次のかけ算を計算しましょう。　1つ2点【18点】

(1)　$1 \times 1 =$

(2)　$1 \times 2 =$

(3)　$1 \times 3 =$

(4)　$1 \times 4 =$

(5)　$1 \times 5 =$

(6)　$1 \times 6 =$

(7)　$1 \times 7 =$

(8)　$1 \times 8 =$

(9)　$1 \times 9 =$

❷ 次のかけ算を計算しましょう。　1つ2点【16点】

(1)　$1 \times 9 =$

(2)　$1 \times 8 =$

(3)　$1 \times 7 =$

(4)　$1 \times 6 =$

(5)　$1 \times 5 =$

(6)　$1 \times 4 =$

(7)　$1 \times 3 =$

(8)　$1 \times 2 =$

❸ 次のかけ算を計算しましょう。　1つ3点【66点】

(1)　$1 \times 3 =$

(2)　$1 \times 8 =$

(3)　$1 \times 5 =$

(4)　$1 \times 6 =$

(5)　$1 \times 9 =$

(6)　$1 \times 2 =$

(7)　$1 \times 4 =$

(8)　$1 \times 7 =$

(9)　$1 \times 1 =$

(10)　$1 \times 6 =$

(11)　$1 \times 4 =$

(12)　$1 \times 8 =$

(13)　$1 \times 7 =$

(14)　$1 \times 9 =$

(15)　$1 \times 5 =$

(16)　$1 \times 2 =$

(17)　$1 \times 3 =$

(18)　$1 \times 1 =$

(19)　$1 \times 9 =$

(20)　$1 \times 6 =$

(21)　$1 \times 8 =$

(22)　$1 \times 7 =$

11 1のだんの九九

目ひょう時間
⏱
20分

らくらく
マルつけ

✏ 学習した日　　　月　　　日　｜　とく点

名前

／100点

11
解説→164ページ

❶ 次のかけ算を計算しましょう。
1つ2点【18点】

(1) 1×1＝　　　　　(2) 1×2＝

(3) 1×3＝　　　　　(4) 1×4＝

(5) 1×5＝　　　　　(6) 1×6＝

(7) 1×7＝　　　　　(8) 1×8＝

(9) 1×9＝

❷ 次のかけ算を計算しましょう。
1つ2点【16点】

(1) 1×9＝　　　　　(2) 1×8＝

(3) 1×7＝　　　　　(4) 1×6＝

(5) 1×5＝　　　　　(6) 1×4＝

(7) 1×3＝　　　　　(8) 1×2＝

❸ 次のかけ算を計算しましょう。
1つ3点【66点】

(1) 1×3＝　　　　　(2) 1×8＝

(3) 1×5＝　　　　　(4) 1×6＝

(5) 1×9＝　　　　　(6) 1×2＝

(7) 1×4＝　　　　　(8) 1×7＝

(9) 1×1＝　　　　　(10) 1×6＝

(11) 1×4＝　　　　　(12) 1×8＝

(13) 1×7＝　　　　　(14) 1×9＝

(15) 1×5＝　　　　　(16) 1×2＝

(17) 1×3＝　　　　　(18) 1×1＝

(19) 1×9＝　　　　　(20) 1×6＝

(21) 1×8＝　　　　　(22) 1×7＝

目ひょう時間 ⏱ 20分

✏ 学習した日　　　月　　　日　　とく点

名前

／100点

12
解説→165ページ

❶ 次のかけ算を計算しましょう。　　1つ2点【40点】

(1) $6 \times 2 =$

(2) $6 \times 8 =$

(3) $6 \times 4 =$

(4) $6 \times 5 =$

(5) $7 \times 7 =$

(6) $7 \times 1 =$

(7) $7 \times 3 =$

(8) $7 \times 4 =$

(9) $8 \times 5 =$

(10) $8 \times 6 =$

(11) $8 \times 2 =$

(12) $8 \times 7 =$

(13) $9 \times 9 =$

(14) $9 \times 3 =$

(15) $9 \times 7 =$

(16) $9 \times 2 =$

(17) $1 \times 7 =$

(18) $1 \times 4 =$

(19) $1 \times 2 =$

(20) $1 \times 3 =$

❷ 次のかけ算を計算しましょう。　　1つ3点【60点】

(1) $9 \times 5 =$

(2) $6 \times 9 =$

(3) $7 \times 8 =$

(4) $1 \times 5 =$

(5) $7 \times 9 =$

(6) $8 \times 9 =$

(7) $9 \times 1 =$

(8) $6 \times 6 =$

(9) $1 \times 9 =$

(10) $7 \times 5 =$

(11) $8 \times 1 =$

(12) $9 \times 9 =$

(13) $8 \times 4 =$

(14) $7 \times 6 =$

(15) $1 \times 7 =$

(16) $6 \times 1 =$

(17) $6 \times 3 =$

(18) $9 \times 7 =$

(19) $1 \times 8 =$

(20) $8 \times 8 =$

12 まとめのテスト❷

目ひょう時間 20分

| 学習した日 | 月 | 日 | とく点 |
| 名前 | | | /100点 |

12
解説→165ページ

❶ 次のかけ算を計算しましょう。　1つ2点【40点】

(1) $6 \times 2 =$

(2) $6 \times 8 =$

(3) $6 \times 4 =$

(4) $6 \times 5 =$

(5) $7 \times 7 =$

(6) $7 \times 1 =$

(7) $7 \times 3 =$

(8) $7 \times 4 =$

(9) $8 \times 5 =$

(10) $8 \times 6 =$

(11) $8 \times 2 =$

(12) $8 \times 7 =$

(13) $9 \times 9 =$

(14) $9 \times 3 =$

(15) $9 \times 7 =$

(16) $9 \times 2 =$

(17) $1 \times 7 =$

(18) $1 \times 4 =$

(19) $1 \times 2 =$

(20) $1 \times 3 =$

❷ 次のかけ算を計算しましょう。　1つ3点【60点】

(1) $9 \times 5 =$

(2) $6 \times 9 =$

(3) $7 \times 8 =$

(4) $1 \times 5 =$

(5) $7 \times 9 =$

(6) $8 \times 9 =$

(7) $9 \times 1 =$

(8) $6 \times 6 =$

(9) $1 \times 9 =$

(10) $7 \times 5 =$

(11) $8 \times 1 =$

(12) $9 \times 9 =$

(13) $8 \times 4 =$

(14) $7 \times 6 =$

(15) $1 \times 7 =$

(16) $6 \times 1 =$

(17) $6 \times 3 =$

(18) $9 \times 7 =$

(19) $1 \times 8 =$

(20) $8 \times 8 =$

13 九九①

学習した日　　　月　　　日

名前

とく点 ／100点

❶ 次のかけ算を計算しましょう。

1つ2点【40点】

(1) 1×4＝

(2) 2×2＝

(3) 3×6＝

(4) 1×8＝

(5) 1×7＝

(6) 3×1＝

(7) 2×5＝

(8) 3×4＝

(9) 1×5＝

(10) 2×9＝

(11) 1×1＝

(12) 3×3＝

(13) 2×6＝

(14) 1×6＝

(15) 3×2＝

(16) 2×4＝

(17) 1×3＝

(18) 2×7＝

(19) 2×1＝

(20) 3×5＝

❷ 次のかけ算を計算しましょう。

1つ3点【60点】

(1) 4×3＝

(2) 5×3＝

(3) 9×2＝

(4) 6×2＝

(5) 7×1＝

(6) 4×4＝

(7) 6×3＝

(8) 5×2＝

(9) 4×1＝

(10) 8×1＝

(11) 5×1＝

(12) 7×2＝

(13) 6×1＝

(14) 4×2＝

(15) 8×2＝

(16) 5×3＝

(17) 4×4＝

(18) 9×1＝

(19) 4×2＝

(20) 6×2＝

13 九九①

目ひょう時間
⏱
20分

学習した日　　　月　　　日

名前

とく点

／100点

13
解説→165ページ

❶ 次のかけ算を計算しましょう。　　　1つ2点【40点】

(1) $1 \times 4 =$　　　(2) $2 \times 2 =$

(3) $3 \times 6 =$　　　(4) $1 \times 8 =$

(5) $1 \times 7 =$　　　(6) $3 \times 1 =$

(7) $2 \times 5 =$　　　(8) $3 \times 4 =$

(9) $1 \times 5 =$　　　(10) $2 \times 9 =$

(11) $1 \times 1 =$　　　(12) $3 \times 3 =$

(13) $2 \times 6 =$　　　(14) $1 \times 6 =$

(15) $3 \times 2 =$　　　(16) $2 \times 4 =$

(17) $1 \times 3 =$　　　(18) $2 \times 7 =$

(19) $2 \times 1 =$　　　(20) $3 \times 5 =$

❷ 次のかけ算を計算しましょう。　　　1つ3点【60点】

(1) $4 \times 3 =$　　　(2) $5 \times 3 =$

(3) $9 \times 2 =$　　　(4) $6 \times 2 =$

(5) $7 \times 1 =$　　　(6) $4 \times 4 =$

(7) $6 \times 3 =$　　　(8) $5 \times 2 =$

(9) $4 \times 1 =$　　　(10) $8 \times 1 =$

(11) $5 \times 1 =$　　　(12) $7 \times 2 =$

(13) $6 \times 1 =$　　　(14) $4 \times 2 =$

(15) $8 \times 2 =$　　　(16) $5 \times 3 =$

(17) $4 \times 4 =$　　　(18) $9 \times 1 =$

(19) $4 \times 2 =$　　　(20) $6 \times 2 =$

14 九九②

目ひょう時間
⏱
20分

📝 学習した日　　　月　　　日　　　とく点

名前

／100点

14
解説→165ページ

❶ 次のかけ算を計算しましょう。　　　1つ2点【40点】

(1) $3 \times 8 =$

(2) $6 \times 5 =$

(3) $5 \times 6 =$

(4) $4 \times 7 =$

(5) $6 \times 4 =$

(6) $5 \times 9 =$

(7) $4 \times 6 =$

(8) $5 \times 5 =$

(9) $5 \times 7 =$

(10) $3 \times 9 =$

(11) $4 \times 8 =$

(12) $6 \times 8 =$

(13) $5 \times 8 =$

(14) $6 \times 7 =$

(15) $3 \times 7 =$

(16) $4 \times 9 =$

(17) $6 \times 6 =$

(18) $5 \times 4 =$

(19) $6 \times 9 =$

(20) $4 \times 5 =$

❷ 次のかけ算を計算しましょう。　　　1つ3点【60点】

(1) $7 \times 9 =$

(2) $9 \times 8 =$

(3) $7 \times 7 =$

(4) $8 \times 9 =$

(5) $9 \times 3 =$

(6) $7 \times 8 =$

(7) $8 \times 4 =$

(8) $9 \times 6 =$

(9) $7 \times 6 =$

(10) $8 \times 8 =$

(11) $7 \times 5 =$

(12) $9 \times 7 =$

(13) $8 \times 6 =$

(14) $7 \times 3 =$

(15) $8 \times 7 =$

(16) $8 \times 3 =$

(17) $7 \times 4 =$

(18) $9 \times 5 =$

(19) $9 \times 4 =$

(20) $8 \times 5 =$

14 九九②

✐ 学習した日　　　月　　　日

名前

とく点

／100点

14
解説→165ページ

❶ 次のかけ算を計算しましょう。　　1つ2点【40点】

(1) $3 \times 8 =$　　　　(2) $6 \times 5 =$

(3) $5 \times 6 =$　　　　(4) $4 \times 7 =$

(5) $6 \times 4 =$　　　　(6) $5 \times 9 =$

(7) $4 \times 6 =$　　　　(8) $5 \times 5 =$

(9) $5 \times 7 =$　　　　(10) $3 \times 9 =$

(11) $4 \times 8 =$　　　　(12) $6 \times 8 =$

(13) $5 \times 8 =$　　　　(14) $6 \times 7 =$

(15) $3 \times 7 =$　　　　(16) $4 \times 9 =$

(17) $6 \times 6 =$　　　　(18) $5 \times 4 =$

(19) $6 \times 9 =$　　　　(20) $4 \times 5 =$

❷ 次のかけ算を計算しましょう。　　1つ3点【60点】

(1) $7 \times 9 =$　　　　(2) $9 \times 8 =$

(3) $7 \times 7 =$　　　　(4) $8 \times 9 =$

(5) $9 \times 3 =$　　　　(6) $7 \times 8 =$

(7) $8 \times 4 =$　　　　(8) $9 \times 6 =$

(9) $7 \times 6 =$　　　　(10) $8 \times 8 =$

(11) $7 \times 5 =$　　　　(12) $9 \times 7 =$

(13) $8 \times 6 =$　　　　(14) $7 \times 3 =$

(15) $8 \times 7 =$　　　　(16) $8 \times 3 =$

(17) $7 \times 4 =$　　　　(18) $9 \times 5 =$

(19) $9 \times 4 =$　　　　(20) $8 \times 5 =$

✏ 学習した日　　　月　　　日　　とく点

名前

／100点

解説→165ページ

❶ 次のかけ算を計算しましょう。　　1つ2点【40点】

(1) $7 \times 1 =$

(2) $1 \times 2 =$

(3) $2 \times 8 =$

(4) $3 \times 4 =$

(5) $1 \times 9 =$

(6) $6 \times 1 =$

(7) $1 \times 5 =$

(8) $2 \times 3 =$

(9) $5 \times 1 =$

(10) $1 \times 6 =$

(11) $2 \times 1 =$

(12) $2 \times 6 =$

(13) $3 \times 3 =$

(14) $1 \times 3 =$

(15) $2 \times 5 =$

(16) $4 \times 3 =$

(17) $8 \times 1 =$

(18) $3 \times 1 =$

(19) $2 \times 7 =$

(20) $9 \times 2 =$

❷ 次のかけ算を計算しましょう。　　1つ3点【60点】

(1) $6 \times 4 =$

(2) $8 \times 4 =$

(3) $9 \times 9 =$

(4) $4 \times 7 =$

(5) $5 \times 8 =$

(6) $8 \times 3 =$

(7) $4 \times 8 =$

(8) $9 \times 6 =$

(9) $7 \times 8 =$

(10) $6 \times 9 =$

(11) $3 \times 7 =$

(12) $4 \times 5 =$

(13) $6 \times 6 =$

(14) $7 \times 9 =$

(15) $9 \times 3 =$

(16) $5 \times 7 =$

(17) $7 \times 5 =$

(18) $8 \times 5 =$

(19) $5 \times 6 =$

(20) $9 \times 8 =$

15 九九③

目ひょう時間 ⏱ **20分**

学習した日　　　月　　　日

名前

とく点　　／100点

解説→165ページ

❶ 次のかけ算を計算しましょう。　1つ2点【40点】

(1) $7 \times 1 =$

(2) $1 \times 2 =$

(3) $2 \times 8 =$

(4) $3 \times 4 =$

(5) $1 \times 9 =$

(6) $6 \times 1 =$

(7) $1 \times 5 =$

(8) $2 \times 3 =$

(9) $5 \times 1 =$

(10) $1 \times 6 =$

(11) $2 \times 1 =$

(12) $2 \times 6 =$

(13) $3 \times 3 =$

(14) $1 \times 3 =$

(15) $2 \times 5 =$

(16) $4 \times 3 =$

(17) $8 \times 1 =$

(18) $3 \times 1 =$

(19) $2 \times 7 =$

(20) $9 \times 2 =$

❷ 次のかけ算を計算しましょう。　1つ3点【60点】

(1) $6 \times 4 =$

(2) $8 \times 4 =$

(3) $9 \times 9 =$

(4) $4 \times 7 =$

(5) $5 \times 8 =$

(6) $8 \times 3 =$

(7) $4 \times 8 =$

(8) $9 \times 6 =$

(9) $7 \times 8 =$

(10) $6 \times 9 =$

(11) $3 \times 7 =$

(12) $4 \times 5 =$

(13) $6 \times 6 =$

(14) $7 \times 9 =$

(15) $9 \times 3 =$

(16) $5 \times 7 =$

(17) $7 \times 5 =$

(18) $8 \times 5 =$

(19) $5 \times 6 =$

(20) $9 \times 8 =$

❶ 次のかけ算を計算しましょう。　　1つ2点【40点】

(1) 1×9＝

(2) 3×2＝

(3) 2×8＝

(4) 8×2＝

(5) 6×3＝

(6) 1×4＝

(7) 3×5＝

(8) 2×2＝

(9) 1×1＝

(10) 4×1＝

(11) 2×9＝

(12) 1×7＝

(13) 9×1＝

(14) 3×6＝

(15) 2×4＝

(16) 1×8＝

(17) 7×2＝

(18) 2×3＝

(19) 1×2＝

(20) 5×2＝

❷ 次のかけ算を計算しましょう。　　1つ3点【60点】

(1) 4×6＝

(2) 7×3＝

(3) 9×5＝

(4) 2×5＝

(5) 5×4＝

(6) 8×7＝

(7) 6×5＝

(8) 7×6＝

(9) 1×6＝

(10) 3×8＝

(11) 7×4＝

(12) 9×7＝

(13) 4×9＝

(14) 5×5＝

(15) 8×8＝

(16) 3×9＝

(17) 2×1＝

(18) 8×9＝

(19) 9×9＝

(20) 6×7＝

まとめのテスト❸

目ひょう時間 ⏱ **20分**

🖉 学習した日　　　月　　　日

名前

とく点

／100点

16
解説→165ページ

---

❶ 次のかけ算を計算しましょう。　　　1つ2点【40点】

(1) $1 \times 9 =$

(2) $3 \times 2 =$

(3) $2 \times 8 =$

(4) $8 \times 2 =$

(5) $6 \times 3 =$

(6) $1 \times 4 =$

(7) $3 \times 5 =$

(8) $2 \times 2 =$

(9) $1 \times 1 =$

(10) $4 \times 1 =$

(11) $2 \times 9 =$

(12) $1 \times 7 =$

(13) $9 \times 1 =$

(14) $3 \times 6 =$

(15) $2 \times 4 =$

(16) $1 \times 8 =$

(17) $7 \times 2 =$

(18) $2 \times 3 =$

(19) $1 \times 2 =$

(20) $5 \times 2 =$

---

❷ 次のかけ算を計算しましょう。　　　1つ3点【60点】

(1) $4 \times 6 =$

(2) $7 \times 3 =$

(3) $9 \times 5 =$

(4) $2 \times 5 =$

(5) $5 \times 4 =$

(6) $8 \times 7 =$

(7) $6 \times 5 =$

(8) $7 \times 6 =$

(9) $1 \times 6 =$

(10) $3 \times 8 =$

(11) $7 \times 4 =$

(12) $9 \times 7 =$

(13) $4 \times 9 =$

(14) $5 \times 5 =$

(15) $8 \times 8 =$

(16) $3 \times 9 =$

(17) $2 \times 1 =$

(18) $8 \times 9 =$

(19) $9 \times 9 =$

(20) $6 \times 7 =$

17 パズル①

目ひょう時間
⏱ **20**分

🖊 学習した日　　　　月　　　　日

名前

とく点

／100点

17
解説→165ページ

❶ 次のじょうけんにあてはまる九九を答えましょう。1つ10点【50点】

(1)　・答えが49になる

（　　　　　　）

(2)　・答えが9になる
　　・1のだん

（　　　　　　）

(3)　・答えが九九の中でいちばん大きくなる

（　　　　　　）

(4)　・一のくらいが0になる
　　・4のだん

（　　　　　　）

(5)　・十のくらいが3になる
　　・8のだん

（　　　　　　）

❷ 次のじょうけんにあてはまる九九を答えましょう。1つ10点【50点】

(1)　・一のくらいは4になる
　　・3のだん

（　　　　　　）

(2)　・一のくらいは4になる
　　・6のだん
　　・答えが25より大きい

（　　　　　　）

(3)　・かける数とかけられる数をたすと10になる
　　・7のだん

（　　　　　　）

(4)　・十のくらいは1になる
　　・8のだん

（　　　　　　）

(5)　・十のくらいは2になる
　　・この答えになる九九は4つある
　　・4つの中でかける数がいちばん大きくなる

（　　　　　　）

17 パズル①

学習した日　　　月　　　日

名前

とく点　　／100点

17
解説→165ページ

---

❶ 次のじょうけんにあてはまる九九を答えましょう。1つ10点【50点】

(1) ・答えが49になる

（　　　　　）

(2) ・答えが9になる
・1のだん

（　　　　　）

(3) ・答えが九九の中でいちばん大きくなる

（　　　　　）

(4) ・一のくらいが0になる
・4のだん

（　　　　　）

(5) ・十のくらいが3になる
・8のだん

（　　　　　）

---

❷ 次のじょうけんにあてはまる九九を答えましょう。1つ10点【50点】

(1) ・一のくらいは4になる
・3のだん

（　　　　　）

(2) ・一のくらいは4になる
・6のだん
・答えが25より大きい

（　　　　　）

(3) ・かける数とかけられる数をたすと10になる
・7のだん

（　　　　　）

(4) ・十のくらいは1になる
・8のだん

（　　　　　）

(5) ・十のくらいは2になる
・この答えになる九九は4つある
・4つの中でかける数がいちばん大きくなる

（　　　　　）

18 かけ算のきまり①

目ひょう時間 ⏱ **20分**

学習した日　　　月　　　日
名前
とく点　　／100点

18
解説→166ページ

れい 次の図は九九の表の6のだんです。

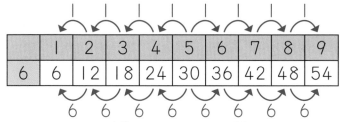

6のだんではかける数が1ふえると答えは6大きくなり、かける数が1へると答えは6小さくなります。

よって、6×6＝6×5＋6、6×4＝6×5−6のように見ることができます。

---

❶ 次の□にあてはまる数を答えましょう。　1つ6点【30点】

(1) 3×4＝3×3＋□

（　　　　　）

(2) 4×7＝4×6＋□

（　　　　　）

(3) 8×4＝8×3＋□

（　　　　　）

(4) 6×8＝6×7＋□

（　　　　　）

(5) 5×10＝5×9＋□

（　　　　　）

---

❷ 次の□にあてはまる数を答えましょう。　1つ6点【30点】

(1) 5×3＝5×4−□

（　　　　　）

(2) 7×7＝7×8−□

（　　　　　）

(3) 9×3＝9×4−□

（　　　　　）

(4) 2×6＝2×7−□

（　　　　　）

(5) 6×0＝6×1−□

（　　　　　）

---

❸ 次の□にあてはまる数を答えましょう。　1つ8点【40点】

(1) 4×7＝4×5＋4×□

（　　　　　）

(2) 6×9＝6×5＋6×□

（　　　　　）

(3) 7×7＝7×2＋7×□

（　　　　　）

(4) 5×7＝5×9−5×□

（　　　　　）

(5) 8×3＝8×8−8×□

（　　　　　）

18 かけ算のきまり①

目ひょう時間
⏱
20分

学習した日　　月　　日　　とく点

名前

／100点

18
解説→166ページ

らくらくマルつけ

れい 次の図は九九の表の6のだんです。

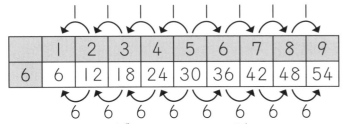

	1	2	3	4	5	6	7	8	9
6	6	12	18	24	30	36	42	48	54

6のだんではかける数が1ふえると答えは6大きくなり、かける数が1へると答えは6小さくなります。

よって、6×6＝6×5＋6、6×4＝6×5－6のように見ることができます。

❶ 次の□にあてはまる数を答えましょう。　1つ6点【30点】

(1) 3×4＝3×3＋□

（　　　　）

(2) 4×7＝4×6＋□

（　　　　）

(3) 8×4＝8×3＋□

（　　　　）

(4) 6×8＝6×7＋□

（　　　　）

(5) 5×10＝5×9＋□

（　　　　）

❷ 次の□にあてはまる数を答えましょう。　1つ6点【30点】

(1) 5×3＝5×4－□

（　　　　）

(2) 7×7＝7×8－□

（　　　　）

(3) 9×3＝9×4－□

（　　　　）

(4) 2×6＝2×7－□

（　　　　）

(5) 6×0＝6×1－□

（　　　　）

❸ 次の□にあてはまる数を答えましょう。　1つ8点【40点】

(1) 4×7＝4×5＋4×□

（　　　　）

(2) 6×9＝6×5＋6×□

（　　　　）

(3) 7×7＝7×2＋7×□

（　　　　）

(4) 5×7＝5×9－5×□

（　　　　）

(5) 8×3＝8×8－8×□

（　　　　）

19 0や10とのかけ算

目ひょう時間 **20**分

学習した日　　　月　　　日

名前

とく点　／100点

19
解説→166ページ

れい **0×7、10×3を計算します。**

どんな数に0をかけても答えは0になり、0にどんな数を
かけても、答えは0になります。
また、10とのかけ算は10がいくつ分かを考えます。

0×7=0
10×3=30　←　10+10+10

---

❶ 次のかけ算を計算しましょう。

1つ2点【36点】

(1) 0×5=　　　　　(2) 0×9=

(3) 0×2=　　　　　(4) 0×3=

(5) 0×1=　　　　　(6) 0×8=

(7) 0×6=　　　　　(8) 0×7=

(9) 0×4=　　　　　(10) 3×0=

(11) 9×0=　　　　　(12) 4×0=

(13) 1×0=　　　　　(14) 6×0=

(15) 2×0=　　　　　(16) 8×0=

(17) 5×0=　　　　　(18) 7×0=

❷ 次のかけ算を計算しましょう。

1つ4点【64点】

(1) 10×4=　　　　　(2) 10×6=

(3) 10×9=　　　　　(4) 10×5=

(5) 10×7=　　　　　(6) 10×3=

(7) 10×8=　　　　　(8) 10×2=

(9) 10×1=　　　　　(10) 10×6=

(11) 10×2=　　　　　(12) 10×7=

(13) 10×1=　　　　　(14) 10×9=

(15) 10×3=　　　　　(16) 10×4=

19 0や10とのかけ算

目ひょう時間 ⏱ 20分

名前

とく点

／100点

解説→166ページ

れい 0×7、10×3を計算します。

どんな数に0をかけても答えは0になり、0にどんな数を
かけても、答えは0になります。
また、10とのかけ算は10がいくつ分かを考えます。

$$0×7=0$$
$$10×3=30 \quad ← \quad 10+10+10$$

❶ 次のかけ算を計算しましょう。　　　　　　　1つ2点【36点】

(1) 0×5＝

(2) 0×9＝

(3) 0×2＝

(4) 0×3＝

(5) 0×1＝

(6) 0×8＝

(7) 0×6＝

(8) 0×7＝

(9) 0×4＝

(10) 3×0＝

(11) 9×0＝

(12) 4×0＝

(13) 1×0＝

(14) 6×0＝

(15) 2×0＝

(16) 8×0＝

(17) 5×0＝

(18) 7×0＝

❷ 次のかけ算を計算しましょう。　　　　　　　1つ4点【64点】

(1) 10×4＝

(2) 10×6＝

(3) 10×9＝

(4) 10×5＝

(5) 10×7＝

(6) 10×3＝

(7) 10×8＝

(8) 10×2＝

(9) 10×1＝

(10) 10×6＝

(11) 10×2＝

(12) 10×7＝

(13) 10×1＝

(14) 10×9＝

(15) 10×3＝

(16) 10×4＝

20 かける数とかけられる数

目ひょう時間

20分

📝 学習した日　　　月　　　日

名前

とく点

／100点

20
解説→166ページ

> **れい** 6×□＝42の□にあてはまる数を考えます。
>
> 6のだんの九九の答えが42になるものをえらびます。
> 6×7＝42となるので、□にあてはまる数は7となります。

❶ 次の□にあてはまる数を答えましょう。　　　1つ5点【40点】

(1) 4×□＝20

（　　　　）

(2) 5×□＝45

（　　　　）

(3) 3×□＝9

（　　　　）

(4) 7×□＝14

（　　　　）

(5) 4×□＝32

（　　　　）

(6) 2×□＝8

（　　　　）

(7) 8×□＝72

（　　　　）

(8) 6×□＝36

（　　　　）

❷ 次の□にあてはまる数を答えましょう。　　　1つ6点【60点】

(1) □×1＝9

（　　　　）

(2) □×7＝49

（　　　　）

(3) □×8＝16

（　　　　）

(4) □×7＝21

（　　　　）

(5) □×6＝6

（　　　　）

(6) □×3＝18

（　　　　）

(7) □×1＝8

（　　　　）

(8) □×2＝14

（　　　　）

(9) □×4＝12

（　　　　）

(10) □×9＝81

（　　　　）

20 かける数とかけられる数

目ひょう時間 ⏱ 20分

学習した日　　　月　　　日

名前

とく点 ／100点

20
解説→166ページ

れい　6×□＝42の□にあてはまる数を考えます。

6のだんの九九の答えが42になるものをえらびます。
6×7＝42となるので、□にあてはまる数は7となります。

---

❶ 次の□にあてはまる数を答えましょう。　1つ5点【40点】

(1)　4×□＝20

（　　　　）

(2)　5×□＝45

（　　　　）

(3)　3×□＝9

（　　　　）

(4)　7×□＝14

（　　　　）

(5)　4×□＝32

（　　　　）

(6)　2×□＝8

（　　　　）

(7)　8×□＝72

（　　　　）

(8)　6×□＝36

（　　　　）

❷ 次の□にあてはまる数を答えましょう。　1つ6点【60点】

(1)　□×1＝9

（　　　　）

(2)　□×7＝49

（　　　　）

(3)　□×8＝16

（　　　　）

(4)　□×7＝21

（　　　　）

(5)　□×6＝6

（　　　　）

(6)　□×3＝18

（　　　　）

(7)　□×1＝8

（　　　　）

(8)　□×2＝14

（　　　　）

(9)　□×4＝12

（　　　　）

(10)　□×9＝81

（　　　　）

目ひょう時間 ⏱ 20分

✎学習した日　　　月　　　日

名前

とく点

／100点

21
解説→166ページ

らくらく
マルつけ

---

❶ 次の□にあてはまる数を答えましょう。　　1つ7点【56点】

(1) $4 \times 10 = 4 \times 9 + \square$

（　　　）

(2) $9 \times 5 = 9 \times 4 + \square$

（　　　）

(3) $8 \times 8 = 8 \times 9 - \square$

（　　　）

(4) $6 \times 7 = 6 \times 8 - \square$

（　　　）

(5) $10 \times 8 = 10 \times 6 + 10 \times \square$

（　　　）

(6) $6 \times 5 = 6 \times 3 + 6 \times \square$

（　　　）

(7) $9 \times 2 = 9 \times 9 - 9 \times \square$

（　　　）

(8) $7 \times 3 = 7 \times 8 - 7 \times \square$

（　　　）

---

❷ 次のかけ算を計算しましょう。　　1つ4点【32点】

(1) $0 \times 7 =$　　　　(2) $0 \times 5 =$

(3) $1 \times 0 =$　　　　(4) $8 \times 0 =$

(5) $10 \times 2 =$　　　(6) $10 \times 9 =$

(7) $10 \times 3 =$　　　(8) $10 \times 4 =$

---

❸ 次の□にあてはまる数を答えましょう。　　1つ3点【12点】

(1) $6 \times \square = 36$

（　　　）

(2) $4 \times \square = 8$

（　　　）

(3) $\square \times 2 = 16$

（　　　）

(4) $\square \times 8 = 72$

（　　　）

21 まとめのテスト❹

学習した日　　月　　日

名前

とく点　　/100点

21 解説→166ページ

❶ 次の□にあてはまる数を答えましょう。　　1つ7点【56点】

(1)　$4 \times 10 = 4 \times 9 + \square$

（　　　　）

(2)　$9 \times 5 = 9 \times 4 + \square$

（　　　　）

(3)　$8 \times 8 = 8 \times 9 - \square$

（　　　　）

(4)　$6 \times 7 = 6 \times 8 - \square$

（　　　　）

(5)　$10 \times 8 = 10 \times 6 + 10 \times \square$

（　　　　）

(6)　$6 \times 5 = 6 \times 3 + 6 \times \square$

（　　　　）

(7)　$9 \times 2 = 9 \times 9 - 9 \times \square$

（　　　　）

(8)　$7 \times 3 = 7 \times 8 - 7 \times \square$

（　　　　）

❷ 次のかけ算を計算しましょう。　　1つ4点【32点】

(1)　$0 \times 7 =$

(2)　$0 \times 5 =$

(3)　$1 \times 0 =$

(4)　$8 \times 0 =$

(5)　$10 \times 2 =$

(6)　$10 \times 9 =$

(7)　$10 \times 3 =$

(8)　$10 \times 4 =$

❸ 次の□にあてはまる数を答えましょう。　　1つ3点【12点】

(1)　$6 \times \square = 36$

（　　　　）

(2)　$4 \times \square = 8$

（　　　　）

(3)　$\square \times 2 = 16$

（　　　　）

(4)　$\square \times 8 = 72$

（　　　　）

れい　15÷3を計算します。

15÷3の答えは、3×□＝15の□にあてはまる数です。
3×⑤＝15より、15÷3＝5となります。

❶ 次のわり算を計算しましょう。
1つ2点【16点】

(1) 6÷2＝

(2) 24÷3＝

(3) 14÷2＝

(4) 18÷3＝

(5) 2÷2＝

(6) 12÷3＝

(7) 12÷2＝

(8) 3÷3＝

❷ 次のわり算を計算しましょう。
1つ3点【24点】

(1) 12÷4＝

(2) 25÷5＝

(3) 36÷4＝

(4) 5÷5＝

(5) 16÷4＝

(6) 15÷5＝

(7) 32÷4＝

(8) 30÷5＝

❸ 次のわり算を計算しましょう。
1つ3点【60点】

(1) 10÷5＝

(2) 18÷2＝

(3) 24÷4＝

(4) 21÷3＝

(5) 45÷5＝

(6) 8÷2＝

(7) 6÷3＝

(8) 28÷4＝

(9) 4÷2＝

(10) 9÷3＝

(11) 8÷4＝

(12) 20÷5＝

(13) 10÷2＝

(14) 20÷4＝

(15) 35÷5＝

(16) 15÷3＝

(17) 16÷2＝

(18) 4÷4＝

(19) 27÷3＝

(20) 40÷5＝

22 あまりのない1けたのわり算①

目ひょう時間 **20分**

学習した日　　　月　　　日

名前

とく点　　　／100点

22
解説→166ページ

れい 15÷3を計算します。

15÷3の答えは、3×□＝15の□にあてはまる数です。
3×⑤＝15より、15÷3＝5となります。

---

❶ 次のわり算を計算しましょう。 1つ2点【16点】

(1) 6÷2＝

(2) 24÷3＝

(3) 14÷2＝

(4) 18÷3＝

(5) 2÷2＝

(6) 12÷3＝

(7) 12÷2＝

(8) 3÷3＝

---

❷ 次のわり算を計算しましょう。 1つ3点【24点】

(1) 12÷4＝

(2) 25÷5＝

(3) 36÷4＝

(4) 5÷5＝

(5) 16÷4＝

(6) 15÷5＝

(7) 32÷4＝

(8) 30÷5＝

---

❸ 次のわり算を計算しましょう。 1つ3点【60点】

(1) 10÷5＝

(2) 18÷2＝

(3) 24÷4＝

(4) 21÷3＝

(5) 45÷5＝

(6) 8÷2＝

(7) 6÷3＝

(8) 28÷4＝

(9) 4÷2＝

(10) 9÷3＝

(11) 8÷4＝

(12) 20÷5＝

(13) 10÷2＝

(14) 20÷4＝

(15) 35÷5＝

(16) 15÷3＝

(17) 16÷2＝

(18) 4÷4＝

(19) 27÷3＝

(20) 40÷5＝

学習した日　　　月　　　日　とく点　　／100点　解説→167ページ

名前

れい 54÷6を計算します。

54÷6の答えは、6×□=54の□にあてはまる数です。
6×⑨=54より、54÷6=9となります。

❶ 次のわり算を計算しましょう。　　　　1つ2点【16点】

(1) 6÷6=

(2) 28÷7=

(3) 42÷6=

(4) 63÷7=

(5) 36÷6=

(6) 7÷7=

(7) 30÷6=

(8) 56÷7=

❷ 次のわり算を計算しましょう。　　　　1つ3点【24点】

(1) 32÷8=

(2) 72÷9=

(3) 24÷8=

(4) 36÷9=

(5) 56÷8=

(6) 63÷9=

(7) 64÷8=

(8) 18÷9=

❸ 次のわり算を計算しましょう。　　　　1つ3点【60点】

(1) 12÷6=

(2) 81÷9=

(3) 21÷7=

(4) 40÷8=

(5) 24÷6=

(6) 54÷9=

(7) 72÷8=

(8) 35÷7=

(9) 9÷9=

(10) 48÷8=

(11) 49÷7=

(12) 54÷6=

(13) 45÷9=

(14) 42÷7=

(15) 8÷8=

(16) 18÷6=

(17) 14÷7=

(18) 48÷6=

(19) 27÷9=

(20) 16÷8=

23 あまりのない1けたのわり算②

目ひょう時間 **20**分

れい 54÷6を計算します。

54÷6の答えは、6×□=54の□にあてはまる数です。
6×⑨=54より、54÷6=9となります。

❶ 次のわり算を計算しましょう。　　1つ2点【16点】

(1) 6÷6＝　　　　　　(2) 28÷7＝

(3) 42÷6＝　　　　　　(4) 63÷7＝

(5) 36÷6＝　　　　　　(6) 7÷7＝

(7) 30÷6＝　　　　　　(8) 56÷7＝

❷ 次のわり算を計算しましょう。　　1つ3点【24点】

(1) 32÷8＝　　　　　　(2) 72÷9＝

(3) 24÷8＝　　　　　　(4) 36÷9＝

(5) 56÷8＝　　　　　　(6) 63÷9＝

(7) 64÷8＝　　　　　　(8) 18÷9＝

❸ 次のわり算を計算しましょう。　　1つ3点【60点】

(1) 12÷6＝　　　　　　(2) 81÷9＝

(3) 21÷7＝　　　　　　(4) 40÷8＝

(5) 24÷6＝　　　　　　(6) 54÷9＝

(7) 72÷8＝　　　　　　(8) 35÷7＝

(9) 9÷9＝　　　　　　(10) 48÷8＝

(11) 49÷7＝　　　　　　(12) 54÷6＝

(13) 45÷9＝　　　　　　(14) 42÷7＝

(15) 8÷8＝　　　　　　(16) 18÷6＝

(17) 14÷7＝　　　　　　(18) 48÷6＝

(19) 27÷9＝　　　　　　(20) 16÷8＝

目ひょう時間 🕐 **20**分

🖉 学習した日　　　月　　　日　　名前　　　とく点　／100点

24
解説→167ページ

 れい 9÷1、0÷6を計算します。

わる数が1のわり算の答えは、わられる数と同じになります。

わられる数が0のわり算の答えは、いつも0になります。

9÷1＝9、0÷6＝0

❶ 次のわり算を計算しましょう。 1つ2点【16点】

(1) 4÷1＝　　　　(2) 9÷1＝

(3) 6÷1＝　　　　(4) 5÷1＝

(5) 7÷1＝　　　　(6) 3÷1＝

(7) 2÷1＝　　　　(8) 8÷1＝

❷ 次のわり算を計算しましょう。 1つ3点【24点】

(1) 0÷7＝　　　　(2) 0÷5＝

(3) 0÷1＝　　　　(4) 0÷4＝

(5) 0÷8＝　　　　(6) 0÷6＝

(7) 0÷3＝　　　　(8) 0÷9＝

❸ 次のわり算を計算しましょう。 1つ3点【60点】

(1) 9÷1＝　　　　(2) 0÷5＝

(3) 7÷1＝　　　　(4) 0÷3＝

(5) 0÷9＝　　　　(6) 4÷1＝

(7) 0÷2＝　　　　(8) 6÷1＝

(9) 8÷1＝　　　　(10) 0÷6＝

(11) 5÷1＝　　　　(12) 0÷1＝

(13) 0÷7＝　　　　(14) 1÷1＝

(15) 0÷4＝　　　　(16) 2÷1＝

(17) 3÷1＝　　　　(18) 0÷8＝

(19) 0÷2＝　　　　(20) 1÷1＝

24 あまりのない1けたのわり算③

目ひょう時間 **20**分

学習した日　　　月　　　日

名前

とく点　／100点

24
解説→167ページ

れい 9÷1、0÷6を計算します。

わる数が1のわり算の答えは、わられる数と同じになります。

わられる数が0のわり算の答えは、いつも0になります。

9÷1=9、0÷6=0

---

❶ 次のわり算を計算しましょう。　1つ2点【16点】

(1) 4÷1＝　　　　(2) 9÷1＝

(3) 6÷1＝　　　　(4) 5÷1＝

(5) 7÷1＝　　　　(6) 3÷1＝

(7) 2÷1＝　　　　(8) 8÷1＝

❷ 次のわり算を計算しましょう。　1つ3点【24点】

(1) 0÷7＝　　　　(2) 0÷5＝

(3) 0÷1＝　　　　(4) 0÷4＝

(5) 0÷8＝　　　　(6) 0÷6＝

(7) 0÷3＝　　　　(8) 0÷9＝

❸ 次のわり算を計算しましょう。　1つ3点【60点】

(1) 9÷1＝　　　　(2) 0÷5＝

(3) 7÷1＝　　　　(4) 0÷3＝

(5) 0÷9＝　　　　(6) 4÷1＝

(7) 0÷2＝　　　　(8) 6÷1＝

(9) 8÷1＝　　　　(10) 0÷6＝

(11) 5÷1＝　　　　(12) 0÷1＝

(13) 0÷7＝　　　　(14) 1÷1＝

(15) 0÷4＝　　　　(16) 2÷1＝

(17) 3÷1＝　　　　(18) 0÷8＝

(19) 0÷2＝　　　　(20) 1÷1＝

❶ 次のわり算を計算しましょう。　　　　　1つ2点【40点】

(1)　8÷2＝

(2)　12÷3＝

(3)　45÷5＝

(4)　8÷4＝

(5)　10÷2＝

(6)　36÷4＝

(7)　25÷5＝

(8)　18÷3＝

(9)　45÷9＝

(10)　63÷7＝

(11)　36÷6＝

(12)　56÷8＝

(13)　64÷8＝

(14)　48÷6＝

(15)　81÷9＝

(16)　35÷7＝

(17)　9÷1＝

(18)　0÷9＝

(19)　0÷7＝

(20)　2÷1＝

❷ 次のわり算を計算しましょう。　　　　　1つ3点【60点】

(1)　36÷9＝

(2)　24÷6＝

(3)　6÷2＝

(4)　48÷8＝

(5)　45÷5＝

(6)　0÷3＝

(7)　6÷3＝

(8)　5÷1＝

(9)　32÷4＝

(10)　42÷7＝

(11)　32÷8＝

(12)　35÷5＝

(13)　0÷4＝

(14)　4÷2＝

(15)　54÷6＝

(16)　6÷1＝

(17)　12÷4＝

(18)　56÷7＝

(19)　72÷9＝

(20)　27÷3＝

25 あまりのない1けたのわり算④

目ひょう時間 **20分**

学習した日　　　月　　　日

名前

とく点　／100点

25
解説→167ページ

❶ 次のわり算を計算しましょう。　　1つ2点【40点】

(1) $8 \div 2 =$

(2) $12 \div 3 =$

(3) $45 \div 5 =$

(4) $8 \div 4 =$

(5) $10 \div 2 =$

(6) $36 \div 4 =$

(7) $25 \div 5 =$

(8) $18 \div 3 =$

(9) $45 \div 9 =$

(10) $63 \div 7 =$

(11) $36 \div 6 =$

(12) $56 \div 8 =$

(13) $64 \div 8 =$

(14) $48 \div 6 =$

(15) $81 \div 9 =$

(16) $35 \div 7 =$

(17) $9 \div 1 =$

(18) $0 \div 9 =$

(19) $0 \div 7 =$

(20) $2 \div 1 =$

❷ 次のわり算を計算しましょう。　　1つ3点【60点】

(1) $36 \div 9 =$

(2) $24 \div 6 =$

(3) $6 \div 2 =$

(4) $48 \div 8 =$

(5) $45 \div 5 =$

(6) $0 \div 3 =$

(7) $6 \div 3 =$

(8) $5 \div 1 =$

(9) $32 \div 4 =$

(10) $42 \div 7 =$

(11) $32 \div 8 =$

(12) $35 \div 5 =$

(13) $0 \div 4 =$

(14) $4 \div 2 =$

(15) $54 \div 6 =$

(16) $6 \div 1 =$

(17) $12 \div 4 =$

(18) $56 \div 7 =$

(19) $72 \div 9 =$

(20) $27 \div 3 =$

26 **まとめのテスト❺**

目ひょう時間 ⏱ 20分

✎学習した日　　月　　日　　とく点

名前

／100点

26
解説→167ページ

らくらく
マルつけ

❶ 次のわり算を計算しましょう。　　　1つ2点【40点】

(1) 4÷1＝

(2) 16÷4＝

(3) 9÷3＝

(4) 6÷6＝

(5) 5÷5＝

(6) 12÷2＝

(7) 9÷9＝

(8) 14÷7＝

(9) 8÷8＝

(10) 0÷5＝

(11) 4÷4＝

(12) 10÷5＝

(13) 16÷8＝

(14) 3÷1＝

(15) 18÷9＝

(16) 7÷7＝

(17) 18÷2＝

(18) 0÷2＝

(19) 18÷6＝

(20) 15÷3＝

❷ 次のわり算を計算しましょう。　　　1つ3点【60点】

(1) 21÷3＝

(2) 28÷7＝

(3) 20÷5＝

(4) 14÷2＝

(5) 72÷8＝

(6) 24÷4＝

(7) 7÷1＝

(8) 0÷1＝

(9) 30÷6＝

(10) 54÷9＝

(11) 30÷5＝

(12) 27÷9＝

(13) 21÷7＝

(14) 24÷8＝

(15) 8÷1＝

(16) 24÷3＝

(17) 42÷6＝

(18) 28÷4＝

(19) 2÷2＝

(20) 0÷6＝

26 まとめのテスト❺

目ひょう時間
⏱
20分

学習した日　　月　　日

名前

とく点

／100点

解説→167ページ

らくらくマルつけ

26

---

❶ 次のわり算を計算しましょう。　　1つ2点【40点】

(1) $4 \div 1 =$

(2) $16 \div 4 =$

(3) $9 \div 3 =$

(4) $6 \div 6 =$

(5) $5 \div 5 =$

(6) $12 \div 2 =$

(7) $9 \div 9 =$

(8) $14 \div 7 =$

(9) $8 \div 8 =$

(10) $0 \div 5 =$

(11) $4 \div 4 =$

(12) $10 \div 5 =$

(13) $16 \div 8 =$

(14) $3 \div 1 =$

(15) $18 \div 9 =$

(16) $7 \div 7 =$

(17) $18 \div 2 =$

(18) $0 \div 2 =$

(19) $18 \div 6 =$

(20) $15 \div 3 =$

---

❷ 次のわり算を計算しましょう。　　1つ3点【60点】

(1) $21 \div 3 =$

(2) $28 \div 7 =$

(3) $20 \div 5 =$

(4) $14 \div 2 =$

(5) $72 \div 8 =$

(6) $24 \div 4 =$

(7) $7 \div 1 =$

(8) $0 \div 1 =$

(9) $30 \div 6 =$

(10) $54 \div 9 =$

(11) $30 \div 5 =$

(12) $27 \div 9 =$

(13) $21 \div 7 =$

(14) $24 \div 8 =$

(15) $8 \div 1 =$

(16) $24 \div 3 =$

(17) $42 \div 6 =$

(18) $28 \div 4 =$

(19) $2 \div 2 =$

(20) $0 \div 6 =$

27 あまりのある1けたのわり算①

学習した日　　　月　　　日

名前

とく点　　／100点

27
解説→167ページ

れい 11÷4を計算します。

　4×1＝4、4×2＝8、4×3＝12
4のだんの九九を考えると、4×2＝8で
11－8＝3だから、11÷4＝2あまり3です。わり算の
あまりは、わる数より小さくなるようにします。

---

❶ 次のわり算を計算しましょう。　1つ5点【40点】

(1) 9÷2＝

(2) 17÷2＝

(3) 38÷4＝

(4) 25÷3＝

(5) 22÷3＝

(6) 27÷5＝

(7) 13÷4＝

(8) 7÷4＝

---

❷ 次のわり算を計算しましょう。　1つ5点【60点】

(1) 34÷4＝

(2) 29÷5＝

(3) 9÷4＝

(4) 17÷5＝

(5) 33÷5＝

(6) 23÷5＝

(7) 5÷3＝

(8) 7÷2＝

(9) 13÷3＝

(10) 26÷3＝

(11) 11÷2＝

(12) 35÷4＝

27 あまりのある1けたのわり算①

✎ 学習した日	月	日	とく点
名前			/100点

27
解説→167ページ

れい 11÷4を計算します。

4×1＝4、4×2＝8、4×3＝12
4のだんの九九を考えると、4×2＝8で
11－8＝3だから、11÷4＝2あまり3です。わり算の
あまりは、わる数より小さくなるようにします。

❶ 次のわり算を計算しましょう。　　　1つ5点【40点】

(1) 9÷2＝

(2) 17÷2＝

(3) 38÷4＝

(4) 25÷3＝

(5) 22÷3＝

(6) 27÷5＝

(7) 13÷4＝

(8) 7÷4＝

❷ 次のわり算を計算しましょう。　　　1つ5点【60点】

(1) 34÷4＝

(2) 29÷5＝

(3) 9÷4＝

(4) 17÷5＝

(5) 33÷5＝

(6) 23÷5＝

(7) 5÷3＝

(8) 7÷2＝

(9) 13÷3＝

(10) 26÷3＝

(11) 11÷2＝

(12) 35÷4＝

目ひょう時間 **20分**

✎ 学習した日　　　月　　　日　　　とく点

名前

／100点

28
解説→168ページ

れい　43÷7を計算します。

7×1=7、7×2=14、7×3=21、7×4=28

7×5=35、7×6=42、7×7=49

7のだんの九九を考えると、7×6=42で

43－42=1だから、43÷7=6あまり1です。わり算の

あまりは、わる数より小さくなるようにします。

---

❶ 次のわり算を計算しましょう。

1つ5点【40点】

(1) 35÷8＝

(2) 79÷8＝

(3) 21÷9＝

(4) 59÷6＝

(5) 26÷8＝

(6) 32÷6＝

(7) 65÷8＝

(8) 50÷7＝

---

❷ 次のわり算を計算しましょう。

1つ5点【60点】

(1) 60÷8＝

(2) 43÷9＝

(3) 17÷9＝

(4) 26÷7＝

(5) 76÷9＝

(6) 41÷7＝

(7) 13÷6＝

(8) 69÷9＝

(9) 69÷7＝

(10) 67÷9＝

(11) 55÷6＝

(12) 61÷7＝

28 あまりのある1けたのわり算②

 目ひょう時間 **20分**

✎ 学習した日	月	日	とく点
名前			/100点

28
解説→168ページ

れい 43÷7を計算します。

7×1＝7、7×2＝14、7×3＝21、7×4＝28
7×5＝35、7×6＝42、7×7＝49
7のだんの九九を考えると、7×6＝42で
43−42＝1だから、43÷7＝6あまり1です。わり算の
あまりは、わる数より小さくなるようにします。

❶ 次のわり算を計算しましょう。　　1つ5点【40点】

(1) 35÷8＝

(2) 79÷8＝

(3) 21÷9＝

(4) 59÷6＝

(5) 26÷8＝

(6) 32÷6＝

(7) 65÷8＝

(8) 50÷7＝

❷ 次のわり算を計算しましょう。　　1つ5点【60点】

(1) 60÷8＝

(2) 43÷9＝

(3) 17÷9＝

(4) 26÷7＝

(5) 76÷9＝

(6) 41÷7＝

(7) 13÷6＝

(8) 69÷9＝

(9) 69÷7＝

(10) 67÷9＝

(11) 55÷6＝

(12) 61÷7＝

❶ 次のわり算を計算しましょう。　　　1つ5点【50点】

(1)　$31 \div 6 =$

(2)　$25 \div 8 =$

(3)　$7 \div 4 =$

(4)　$15 \div 4 =$

(5)　$5 \div 2 =$

(6)　$22 \div 5 =$

(7)　$14 \div 3 =$

(8)　$37 \div 6 =$

(9)　$49 \div 6 =$

(10)　$19 \div 6 =$

❷ 次のわり算を計算しましょう。　　　1つ5点【50点】

(1)　$35 \div 6 =$

(2)　$24 \div 5 =$

(3)　$29 \div 3 =$

(4)　$35 \div 4 =$

(5)　$55 \div 6 =$

(6)　$13 \div 2 =$

(7)　$30 \div 4 =$

(8)　$36 \div 7 =$

(9)　$32 \div 5 =$

(10)　$11 \div 3 =$

29 あまりのある1けたのわり算③

目ひょう時間 **20**分

学習した日　　　月　　　日　　とく点

名前

／100点

解説→168ページ

❶ 次のわり算を計算しましょう。　　　　1つ5点【50点】

(1)　$31 \div 6 =$

(2)　$25 \div 8 =$

(3)　$7 \div 4 =$

(4)　$15 \div 4 =$

(5)　$5 \div 2 =$

(6)　$22 \div 5 =$

(7)　$14 \div 3 =$

(8)　$37 \div 6 =$

(9)　$49 \div 6 =$

(10)　$19 \div 6 =$

❷ 次のわり算を計算しましょう。　　　　1つ5点【50点】

(1)　$35 \div 6 =$

(2)　$24 \div 5 =$

(3)　$29 \div 3 =$

(4)　$35 \div 4 =$

(5)　$55 \div 6 =$

(6)　$13 \div 2 =$

(7)　$30 \div 4 =$

(8)　$36 \div 7 =$

(9)　$32 \div 5 =$

(10)　$11 \div 3 =$

目ひょう時間 ⏱ **20分**

学習した日　　月　　日　　とく点

名前

／100点

30 解説→168ページ

れい　60÷2を計算します。

10をもとに考えると、10が6÷2＝3(こ)だから、答えは30になります。

❶ 次のわり算を計算しましょう。

1つ2点【34点】

(1)　30÷3＝

(2)　60÷3＝

(3)　90÷9＝

(4)　80÷2＝

(5)　50÷5＝

(6)　80÷4＝

(7)　90÷3＝

(8)　40÷2＝

(9)　70÷7＝

(10)　100÷5＝

(11)　20÷2＝

(12)　60÷6＝

(13)　40÷4＝

(14)　80÷8＝

(15)　60÷2＝

(16)　100÷2＝

(17)　90÷1＝

❷ 次のわり算を計算しましょう。

1つ3点【66点】

(1)　270÷9＝

(2)　210÷3＝

(3)　810÷9＝

(4)　180÷3＝

(5)　160÷8＝

(6)　350÷5＝

(7)　120÷4＝

(8)　160÷2＝

(9)　420÷6＝

(10)　180÷9＝

(11)　180÷6＝

(12)　240÷3＝

(13)　400÷8＝

(14)　120÷2＝

(15)　210÷7＝

(16)　200÷4＝

(17)　640÷8＝

(18)　450÷5＝

(19)　420÷7＝

(20)　300÷6＝

(21)　360÷9＝

(22)　280÷7＝

30 答えが10以上のわり算①

学習した日	月	日	とく点
名前			/100点

30
解説→168ページ

れい 60÷2を計算します。

10をもとに考えると、10が6÷2=3（こ）だから、答えは30になります。

---

❶ 次のわり算を計算しましょう。 1つ2点【34点】

(1) 30÷3＝

(2) 60÷3＝

(3) 90÷9＝

(4) 80÷2＝

(5) 50÷5＝

(6) 80÷4＝

(7) 90÷3＝

(8) 40÷2＝

(9) 70÷7＝

(10) 100÷5＝

(11) 20÷2＝

(12) 60÷6＝

(13) 40÷4＝

(14) 80÷8＝

(15) 60÷2＝

(16) 100÷2＝

(17) 90÷1＝

---

❷ 次のわり算を計算しましょう。 1つ3点【66点】

(1) 270÷9＝

(2) 210÷3＝

(3) 810÷9＝

(4) 180÷3＝

(5) 160÷8＝

(6) 350÷5＝

(7) 120÷4＝

(8) 160÷2＝

(9) 420÷6＝

(10) 180÷9＝

(11) 180÷6＝

(12) 240÷3＝

(13) 400÷8＝

(14) 120÷2＝

(15) 210÷7＝

(16) 200÷4＝

(17) 640÷8＝

(18) 450÷5＝

(19) 420÷7＝

(20) 300÷6＝

(21) 360÷9＝

(22) 280÷7＝

目ひょう時間
20分

学習した日　　　月　　　日

名前

とく点

／100点

31
解説→168ページ

れい　**48÷2を計算します。**

48を40と8に分けて計算します。40÷2は10をもとに考えると、4÷2=2で20となり、8÷2=4だから、答えは20+4=24になります。

❶ 次のわり算を計算しましょう。　　　　1つ2点【34点】

(1) 88÷2=

(2) 84÷4=

(3) 93÷3=

(4) 64÷2=

(5) 28÷2=

(6) 68÷2=

(7) 66÷6=

(8) 46÷2=

(9) 33÷3=

(10) 48÷4=

(11) 24÷2=

(12) 88÷4=

(13) 63÷3=

(14) 66÷2=

(15) 42÷2=

(16) 44÷4=

(17) 69÷3=

❷ 次のわり算を計算しましょう。　　　　1つ3点【66点】

(1) 82÷2=

(2) 62÷2=

(3) 77÷7=

(4) 96÷3=

(5) 88÷4=

(6) 55÷5=

(7) 39÷3=

(8) 84÷2=

(9) 44÷4=

(10) 66÷3=

(11) 26÷2=

(12) 36÷3=

(13) 22÷2=

(14) 63÷3=

(15) 48÷4=

(16) 44÷2=

(17) 99÷9=

(18) 93÷3=

(19) 86÷2=

(20) 69÷3=

(21) 99÷3=

(22) 26÷2=

31 答えが10以上のわり算②

学習した日　　　月　　　日　　　とく点

名前

/100点

31
解説→168ページ

れい 48÷2を計算します。

48を40と8に分けて計算します。40÷2は10をもとに考えると、4÷2=2で20となり、8÷2=4だから、答えは20+4=24になります。

① 次のわり算を計算しましょう。　　　1つ2点【34点】

(1) 88÷2=

(2) 84÷4=

(3) 93÷3=

(4) 64÷2=

(5) 28÷2=

(6) 68÷2=

(7) 66÷6=

(8) 46÷2=

(9) 33÷3=

(10) 48÷4=

(11) 24÷2=

(12) 88÷4=

(13) 63÷3=

(14) 66÷2=

(15) 42÷2=

(16) 44÷4=

(17) 69÷3=

② 次のわり算を計算しましょう。　　　1つ3点【66点】

(1) 82÷2=

(2) 62÷2=

(3) 77÷7=

(4) 96÷3=

(5) 88÷4=

(6) 55÷5=

(7) 39÷3=

(8) 84÷2=

(9) 44÷4=

(10) 66÷3=

(11) 26÷2=

(12) 36÷3=

(13) 22÷2=

(14) 63÷3=

(15) 48÷4=

(16) 44÷2=

(17) 99÷9=

(18) 93÷3=

(19) 86÷2=

(20) 69÷3=

(21) 99÷3=

(22) 26÷2=

学習した日　　月　　日　　とく点

名前

／100点

32
解説→168ページ

❶ 次のわり算を計算しましょう。　　1つ4点【40点】

(1)　74÷9＝

(2)　57÷7＝

(3)　27÷7＝

(4)　30÷4＝

(5)　43÷5＝

(6)　58÷9＝

(7)　8÷3＝

(8)　79÷8＝

(9)　14÷5＝

(10)　8÷5＝

❷ 次のわり算を計算しましょう。　　1つ3点【60点】

(1)　60÷2＝

(2)　80÷4＝

(3)　90÷3＝

(4)　60÷6＝

(5)　320÷8＝

(6)　180÷2＝

(7)　350÷7＝

(8)　360÷6＝

(9)　120÷3＝

(10)　560÷8＝

(11)　360÷4＝

(12)　630÷9＝

(13)　560÷7＝

(14)　200÷5＝

(15)　450÷9＝

(16)　99÷3＝

(17)　88÷8＝

(18)　48÷2＝

(19)　84÷4＝

(20)　28÷2＝

32 まとめのテスト❻

✎ 学習した日	月	日	とく点
名前			/100点

32
解説→168ページ

❶ 次のわり算を計算しましょう。　1つ4点【40点】

(1) $74 \div 9 =$

(2) $57 \div 7 =$

(3) $27 \div 7 =$

(4) $30 \div 4 =$

(5) $43 \div 5 =$

(6) $58 \div 9 =$

(7) $8 \div 3 =$

(8) $79 \div 8 =$

(9) $14 \div 5 =$

(10) $8 \div 5 =$

❷ 次のわり算を計算しましょう。　1つ3点【60点】

(1) $60 \div 2 =$

(2) $80 \div 4 =$

(3) $90 \div 3 =$

(4) $60 \div 6 =$

(5) $320 \div 8 =$

(6) $180 \div 2 =$

(7) $350 \div 7 =$

(8) $360 \div 6 =$

(9) $120 \div 3 =$

(10) $560 \div 8 =$

(11) $360 \div 4 =$

(12) $630 \div 9 =$

(13) $560 \div 7 =$

(14) $200 \div 5 =$

(15) $450 \div 9 =$

(16) $99 \div 3 =$

(17) $88 \div 8 =$

(18) $48 \div 2 =$

(19) $84 \div 4 =$

(20) $28 \div 2 =$

33 パズル②

目ひょう時間
⏱
20分

🖉 学習した日　　　月　　　日

名前

とく点

／100点

33
解説→169ページ

らくらく
マルつけ

❶ 新しい計算記号をつくりました。

A◎Bは、AをBでわったときの答えとあまりをたした数を
あらわします。たとえば、23◎5は、23÷5＝4あまり
3なので、23◎5＝4＋3＝7となります。また、40◎8
は、40÷8＝5であまりは0なので、40◎8＝5＋0＝5
となります。次の計算をしましょう。

1つ8点【64点】

(1)　56◎9

答え（　　　　　）

(2)　31◎7

答え（　　　　　）

(3)　13◎2

答え（　　　　　）

(4)　8◎4

答え（　　　　　）

(5)　15◎4

答え（　　　　　）

(6)　83◎9

答え（　　　　　）

(7)　57◎8

答え（　　　　　）

(8)　64◎7

答え（　　　　　）

❷ 新しい計算記号をつくりました。

A☆Bは、AとBをかけたものから、A
とBをたしたものをひいた数をあらわし
ます。たとえば、3☆5は、3×5＝15
で、3＋5＝8だから、
3☆5＝15−8＝7となり、4☆8は、
4×8＝32で、4＋8＝12だから、
4☆8＝32−12＝20となります。
次の計算をしましょう。

1つ6点【36点】

(1)　2☆3

答え（　　　　　）

(2)　7☆5

答え（　　　　　）

(3)　10☆6

答え（　　　　　）

(4)　9☆4

答え（　　　　　）

(5)　7☆8

答え（　　　　　）

(6)　9☆9

答え（　　　　　）

33 パズル②

❶ 新しい計算記号をつくりました。

A◎Bは、AをBでわったときの答えとあまりをたした数をあらわします。たとえば、23◎5は、23÷5＝4あまり3なので、23◎5＝4＋3＝7となります。また、40◎8は、40÷8＝5であまりは0なので、40◎8＝5＋0＝5となります。次の計算をしましょう。

1つ8点【64点】

(1) 56◎9

答え(　　　　　)

(2) 31◎7

答え(　　　　　)

(3) 13◎2

答え(　　　　　)

(4) 8◎4

答え(　　　　　)

(5) 15◎4

答え(　　　　　)

(6) 83◎9

答え(　　　　　)

(7) 57◎8

答え(　　　　　)

(8) 64◎7

答え(　　　　　)

❷ 新しい計算記号をつくりました。

A☆Bは、AとBをかけたものから、AとBをたしたものをひいた数をあらわします。たとえば、3☆5は、3×5＝15で、3＋5＝8だから、3☆5＝15－8＝7となり、4☆8は、4×8＝32で、4＋8＝12だから、4☆8＝32－12＝20となります。次の計算をしましょう。

1つ6点【36点】

(1) 2☆3

答え(　　　　　)

(2) 7☆5

答え(　　　　　)

(3) 10☆6

答え(　　　　　)

(4) 9☆4

答え(　　　　　)

(5) 7☆8

答え(　　　　　)

(6) 9☆9

答え(　　　　　)

34 （2けた×1けた）の計算

🖊 学習した日　　　月　　　日

名前

とく点　　／100点

34
解説→169ページ

れい　60×4を計算します。

10をもとに考えると、10が6×4＝24（こ）だから、答えは240になります。

---

❶ 次のかけ算を計算しましょう。

1つ2点【16点】

(1) 80×1＝　　　　　(2) 90×1＝

(3) 70×1＝　　　　　(4) 30×1＝

(5) 20×1＝　　　　　(6) 50×1＝

(7) 60×1＝　　　　　(8) 40×1＝

❷ 次のかけ算を計算しましょう。

1つ3点【24点】

(1) 20×3＝　　　　　(2) 30×3＝

(3) 40×2＝　　　　　(4) 20×2＝

(5) 30×2＝　　　　　(6) 20×4＝

(7) 20×5＝　　　　　(8) 50×2＝

---

❸ 次のかけ算を計算しましょう。

1つ3点【60点】

(1) 50×5＝　　　　　(2) 40×4＝

(3) 30×4＝　　　　　(4) 60×2＝

(5) 70×8＝　　　　　(6) 20×6＝

(7) 80×9＝　　　　　(8) 90×2＝

(9) 60×8＝　　　　　(10) 80×2＝

(11) 70×3＝　　　　　(12) 20×9＝

(13) 30×7＝　　　　　(14) 40×9＝

(15) 90×8＝　　　　　(16) 50×7＝

(17) 80×7＝　　　　　(18) 70×5＝

(19) 90×6＝　　　　　(20) 60×9＝

34 （2けた×1けた）の計算

目ひょう時間 20分

学習した日　　　月　　　日

名前

とく点　　／100点

34
解説→169ページ

れい 60×4を計算します。

10をもとに考えると、10が6×4＝24（こ）だから、答えは240になります。

❶ 次のかけ算を計算しましょう。 　1つ2点【16点】

(1) 80×1＝ 　　　(2) 90×1＝

(3) 70×1＝ 　　　(4) 30×1＝

(5) 20×1＝ 　　　(6) 50×1＝

(7) 60×1＝ 　　　(8) 40×1＝

❷ 次のかけ算を計算しましょう。 　1つ3点【24点】

(1) 20×3＝ 　　　(2) 30×3＝

(3) 40×2＝ 　　　(4) 20×2＝

(5) 30×2＝ 　　　(6) 20×4＝

(7) 20×5＝ 　　　(8) 50×2＝

❸ 次のかけ算を計算しましょう。 　1つ3点【60点】

(1) 50×5＝ 　　　(2) 40×4＝

(3) 30×4＝ 　　　(4) 60×2＝

(5) 70×8＝ 　　　(6) 20×6＝

(7) 80×9＝ 　　　(8) 90×2＝

(9) 60×8＝ 　　　(10) 80×2＝

(11) 70×3＝ 　　　(12) 20×9＝

(13) 30×7＝ 　　　(14) 40×9＝

(15) 90×8＝ 　　　(16) 50×7＝

(17) 80×7＝ 　　　(18) 70×5＝

(19) 90×6＝ 　　　(20) 60×9＝

35 （2けた×1けた）の筆算①

🖊 学習した日　　　月　　　日

名前

とく点 ／100点

35 解説→169ページ

れい 42×2を筆算でします。

```
   4 2
 ×   2
 ②8①4
```

くらいをたてにそろえて書きます。
① 2×2＝4を、一のくらいに書きます。
② 4×2＝8を、十のくらいに書きます。

---

❶ 次のかけ算を筆算でしましょう。 1つ4点【40点】

(1)
```
   1 3
 ×   2
```

(2)
```
   1 3
 ×   3
```

(3)
```
   1 4
 ×   2
```

(4)
```
   1 2
 ×   3
```

(5)
```
   1 1
 ×   6
```

(6)
```
   1 1
 ×   5
```

(7)
```
   1 1
 ×   2
```

(8)
```
   1 1
 ×   4
```

(9)
```
   1 2
 ×   2
```

(10)
```
   1 2
 ×   4
```

---

❷ 次のかけ算を筆算でしましょう。 1つ4点【60点】

(1)
```
   4 4
 ×   2
```

(2)
```
   2 3
 ×   2
```

(3)
```
   2 3
 ×   3
```

(4)
```
   3 2
 ×   2
```

(5)
```
   3 1
 ×   3
```

(6)
```
   2 2
 ×   2
```

(7)
```
   2 2
 ×   3
```

(8)
```
   2 4
 ×   2
```

(9)
```
   2 1
 ×   4
```

(10)
```
   4 3
 ×   2
```

(11)
```
   3 3
 ×   3
```

(12)
```
   4 1
 ×   2
```

(13)
```
   3 1
 ×   2
```

(14)
```
   4 2
 ×   2
```

(15)
```
   2 1
 ×   3
```

35 （2けた×1けた）の筆算①

目ひょう時間
⏱ 20分

学習した日　　月　　日

名前

とく点

／100点

35
解説→169ページ

らくらくマルつけ

れい 42×2を筆算でします。

```
    4 2
  ×   2
  ②8①4
```

くらいをたてにそろえて書きます。
① 2×2＝4を、一のくらいに書きます。
② 4×2＝8を、十のくらいに書きます。

---

❶ 次のかけ算を筆算でしましょう。　　1つ4点【40点】

(1)
```
    1 3
  ×   2
```

(2)
```
    1 3
  ×   3
```

(3)
```
    1 4
  ×   2
```

(4)
```
    1 2
  ×   3
```

(5)
```
    1 1
  ×   6
```

(6)
```
    1 1
  ×   5
```

(7)
```
    1 1
  ×   2
```

(8)
```
    1 1
  ×   4
```

(9)
```
    1 2
  ×   2
```

(10)
```
    1 2
  ×   4
```

---

❷ 次のかけ算を筆算でしましょう。　　1つ4点【60点】

(1)
```
    4 4
  ×   2
```

(2)
```
    2 3
  ×   2
```

(3)
```
    2 3
  ×   3
```

(4)
```
    3 2
  ×   2
```

(5)
```
    3 1
  ×   3
```

(6)
```
    2 2
  ×   2
```

(7)
```
    2 2
  ×   3
```

(8)
```
    2 4
  ×   2
```

(9)
```
    2 1
  ×   4
```

(10)
```
    4 3
  ×   2
```

(11)
```
    3 3
  ×   3
```

(12)
```
    4 1
  ×   2
```

(13)
```
    3 1
  ×   2
```

(14)
```
    4 2
  ×   2
```

(15)
```
    2 1
  ×   3
```

目ひょう時間 ⏱ **20分**

📝 学習した日　　　月　　　日　　　とく点

名前

／100点

36
解説→169ページ

れい 92×8を筆算でします。

```
  1
  9 2
×   8
─────
7 3 6
```

くらいをたてにそろえて書きます。

2×8＝16より6を一のくらいに書き、
1を十のくらいにくり上げます。

9×8＝72にくり上げた1をたします。

❶ 次のかけ算を筆算でしましょう。

1つ4点【40点】

(1)
```
  1 6
×   6
```

(2)
```
  1 4
×   7
```

(3)
```
  1 9
×   2
```

(4)
```
  1 4
×   9
```

(5)
```
  1 8
×   4
```

(6)
```
  1 7
×   8
```

(7)
```
  1 7
×   6
```

(8)
```
  1 8
×   5
```

(9)
```
  1 8
×   3
```

(10)
```
  1 2
×   9
```

❷ 次のかけ算を筆算でしましょう。

1つ4点【60点】

(1)
```
  5 8
×   7
```

(2)
```
  2 3
×   6
```

(3)
```
  4 2
×   9
```

(4)
```
  6 1
×   3
```

(5)
```
  8 3
×   5
```

(6)
```
  7 5
×   2
```

(7)
```
  6 5
×   8
```

(8)
```
  2 7
×   4
```

(9)
```
  8 4
×   9
```

(10)
```
  9 8
×   6
```

(11)
```
  2 7
×   5
```

(12)
```
  4 8
×   4
```

(13)
```
  8 3
×   2
```

(14)
```
  8 7
×   8
```

(15)
```
  5 7
×   7
```

36 （2けた×1けた）の筆算②

目ひょう時間 ⏱ 20分

学習した日　　月　　日　　とく点

名前

／100点

36
解説→169ページ

れい 92×8を筆算でします。

```
  1
  9 2
×   8
-----
7 3 6
```

くらいをたてにそろえて書きます。

2×8＝16より6を一のくらいに書き、
1を十のくらいにくり上げます。

9×8＝72にくり上げた1をたします。

---

❶ 次のかけ算を筆算でしましょう。

1つ4点【40点】

(1)
```
  1 6
×   6
```

(2)
```
  1 4
×   7
```

(3)
```
  1 9
×   2
```

(4)
```
  1 4
×   9
```

(5)
```
  1 8
×   4
```

(6)
```
  1 7
×   8
```

(7)
```
  1 7
×   6
```

(8)
```
  1 8
×   5
```

(9)
```
  1 8
×   3
```

(10)
```
  1 2
×   9
```

---

❷ 次のかけ算を筆算でしましょう。

1つ4点【60点】

(1)
```
  5 8
×   7
```

(2)
```
  2 3
×   6
```

(3)
```
  4 2
×   9
```

(4)
```
  6 1
×   3
```

(5)
```
  8 3
×   5
```

(6)
```
  7 5
×   2
```

(7)
```
  6 5
×   8
```

(8)
```
  2 7
×   4
```

(9)
```
  8 4
×   9
```

(10)
```
  9 8
×   6
```

(11)
```
  2 7
×   5
```

(12)
```
  4 8
×   4
```

(13)
```
  8 3
×   2
```

(14)
```
  8 7
×   8
```

(15)
```
  5 7
×   7
```

37 （3けた×1けた）の計算

 学習した日　　　月　　　日　とく点 ／100点

名前

 37
解説→169ページ

れい 200×4を計算します。

100をもとに考えると、100が2×4＝8（こ）だから、答えは800になります。

---

❶ 次のかけ算を計算しましょう。　1つ2点【16点】

(1) 900×1＝　　　　　(2) 400×1＝

(3) 800×1＝　　　　　(4) 200×1＝

(5) 700×1＝　　　　　(6) 600×1＝

(7) 300×1＝　　　　　(8) 500×1＝

❷ 次のかけ算を計算しましょう。　1つ3点【24点】

(1) 400×2＝　　　　　(2) 200×4＝

(3) 200×2＝　　　　　(4) 300×2＝

(5) 200×3＝　　　　　(6) 300×3＝

(7) 500×2＝　　　　　(8) 200×5＝

❸ 次のかけ算を計算しましょう。　1つ3点【60点】

(1) 900×3＝　　　　　(2) 700×3＝

(3) 500×8＝　　　　　(4) 600×9＝

(5) 400×7＝　　　　　(6) 800×5＝

(7) 200×9＝　　　　　(8) 300×4＝

(9) 300×9＝　　　　　(10) 400×8＝

(11) 600×3＝　　　　　(12) 700×4＝

(13) 800×9＝　　　　　(14) 500×6＝

(15) 900×4＝　　　　　(16) 200×7＝

(17) 600×7＝　　　　　(18) 800×2＝

(19) 900×5＝　　　　　(20) 700×6＝

37 （3けた×1けた）の計算

れい 200×4を計算します。

100をもとに考えると、100が2×4＝8(こ)だから、答えは800になります。

❶ 次のかけ算を計算しましょう。　　　1つ2点【16点】

(1) $900×1=$　　　　(2) $400×1=$

(3) $800×1=$　　　　(4) $200×1=$

(5) $700×1=$　　　　(6) $600×1=$

(7) $300×1=$　　　　(8) $500×1=$

❷ 次のかけ算を計算しましょう。　　　1つ3点【24点】

(1) $400×2=$　　　　(2) $200×4=$

(3) $200×2=$　　　　(4) $300×2=$

(5) $200×3=$　　　　(6) $300×3=$

(7) $500×2=$　　　　(8) $200×5=$

❸ 次のかけ算を計算しましょう。　　　1つ3点【60点】

(1) $900×3=$　　　　(2) $700×3=$

(3) $500×8=$　　　　(4) $600×9=$

(5) $400×7=$　　　　(6) $800×5=$

(7) $200×9=$　　　　(8) $300×4=$

(9) $300×9=$　　　　(10) $400×8=$

(11) $600×3=$　　　　(12) $700×4=$

(13) $800×9=$　　　　(14) $500×6=$

(15) $900×4=$　　　　(16) $200×7=$

(17) $600×7=$　　　　(18) $800×2=$

(19) $900×5=$　　　　(20) $700×6=$

れい **432×2を筆算でします。**

```
  4 3 2
×     2
  8 6 4
③②①
```

くらいをたてにそろえて書きます。

① 2×2＝4を、一のくらいに書きます。

② 3×2＝6を、十のくらいに書きます。

③ 4×2＝8を、百のくらいに書きます。

❶ 次のかけ算を筆算でしましょう。　　1つ4点【40点】

(1)
```
  1 3 4
×     2
```

(2)
```
  1 3 2
×     3
```

(3)
```
  1 4 3
×     2
```

(4)
```
  1 2 1
×     3
```

(5)
```
  1 2 3
×     2
```

(6)
```
  1 2 1
×     4
```

(7)
```
  1 4 4
×     2
```

(8)
```
  1 3 3
×     3
```

(9)
```
  1 1 1
×     6
```

(10)
```
  1 2 3
×     3
```

❷ 次のかけ算を筆算でしましょう。　　1つ4点【60点】

(1)
```
  3 4 3
×     2
```

(2)
```
  2 3 3
×     3
```

(3)
```
  2 1 1
×     4
```

(4)
```
  2 2 1
×     4
```

(5)
```
  2 2 3
×     2
```

(6)
```
  3 2 1
×     3
```

(7)
```
  2 2 3
×     3
```

(8)
```
  2 2 2
×     4
```

(9)
```
  4 3 4
×     2
```

(10)
```
  2 1 2
×     4
```

(11)
```
  4 4 2
×     2
```

(12)
```
  3 2 2
×     3
```

(13)
```
  2 2 1
×     2
```

(14)
```
  2 3 2
×     3
```

(15)
```
  2 0 1
×     4
```

38 （3けた×1けた）の筆算①

目ひょう時間 ⏱ 20分

れい 432×2を筆算でします。

```
    4 3 2
  ×     2
  ③8②6①4
```

くらいをたてにそろえて書きます。
① 2×2＝4を、一のくらいに書きます。
② 3×2＝6を、十のくらいに書きます。
③ 4×2＝8を、百のくらいに書きます。

❶ 次のかけ算を筆算でしましょう。

1つ4点【40点】

(1)
```
  1 3 4
×     2
```

(2)
```
  1 3 2
×     3
```

(3)
```
  1 4 3
×     2
```

(4)
```
  1 2 1
×     3
```

(5)
```
  1 2 3
×     2
```

(6)
```
  1 2 1
×     4
```

(7)
```
  1 4 4
×     2
```

(8)
```
  1 3 3
×     3
```

(9)
```
  1 1 1
×     6
```

(10)
```
  1 2 3
×     3
```

❷ 次のかけ算を筆算でしましょう。

1つ4点【60点】

(1)
```
  3 4 3
×     2
```

(2)
```
  2 3 3
×     3
```

(3)
```
  2 1 1
×     4
```

(4)
```
  2 2 1
×     4
```

(5)
```
  2 2 3
×     2
```

(6)
```
  3 2 1
×     3
```

(7)
```
  2 2 3
×     3
```

(8)
```
  2 2 2
×     4
```

(9)
```
  4 3 4
×     2
```

(10)
```
  2 1 2
×     4
```

(11)
```
  4 4 2
×     2
```

(12)
```
  3 2 2
×     3
```

(13)
```
  2 2 1
×     2
```

(14)
```
  2 3 2
×     3
```

(15)
```
  2 0 1
×     4
```

れい 748×6を筆算でします。

$$
\begin{array}{r}
{}^{2}{}^{4} \\
7\,4\,8 \\
\times\qquad 6 \\
\hline
4\,4\,8\,8
\end{array}
$$

くらいをたてにそろえて書きます。

8×6＝48より8を一のくらいに書き、4を十のくらいにくり上げます。

4×6＝24に4をたして28、8を十のくらいに書き、2を百のくらいにくり上げます。

7×6＝42に2をたして44、4を百のくらいに、4を千のくらいに書きます。

❶ 次のかけ算を筆算でしましょう。

1つ5点【40点】

| (1) | 425 × 2 | (2) | 703 × 5 | (3) | 225 × 3 |

| (4) | 219 × 4 | (5) | 224 × 4 | (6) | 117 × 5 |

| (7) | 104 × 9 | (8) | 251 × 3 |

❷ 次のかけ算を筆算でしましょう。

1つ4点【60点】

| (1) | 552 × 3 | (2) | 355 × 9 | (3) | 449 × 7 |

| (4) | 428 × 5 | (5) | 645 × 2 | (6) | 676 × 4 |

| (7) | 490 × 8 | (8) | 296 × 6 | (9) | 155 × 3 |

| (10) | 366 × 8 | (11) | 549 × 6 | (12) | 979 × 9 |

| (13) | 276 × 5 | (14) | 625 × 7 | (15) | 679 × 4 |

39 （3けた×1けた）の筆算②

学習した日	月	日	とく点
名前			/100点

解説→170ページ

れい 748×6を筆算でします。

```
   2 4
   7 4 8
 ×     6
 ─────────
 4 4 8 8
```

くらいをたてにそろえて書きます。

8×6＝48より8を一のくらいに書き、4を十のくらいにくり上げます。

4×6＝24に4をたして28、8を十のくらいに書き、2を百のくらいにくり上げます。

7×6＝42に2をたして44、4を百のくらいに、4を千のくらいに書きます。

❶ 次のかけ算を筆算でしましょう。

1つ5点【40点】

(1)
```
  4 2 5
×     2
```

(2)
```
  7 0 3
×     5
```

(3)
```
  2 2 5
×     3
```

(4)
```
  2 1 9
×     4
```

(5)
```
  2 2 4
×     4
```

(6)
```
  1 1 7
×     5
```

(7)
```
  1 0 4
×     9
```

(8)
```
  2 5 1
×     3
```

❷ 次のかけ算を筆算でしましょう。

1つ4点【60点】

(1)
```
  5 5 2
×     3
```

(2)
```
  3 5 5
×     9
```

(3)
```
  4 4 9
×     7
```

(4)
```
  4 2 8
×     5
```

(5)
```
  6 4 5
×     2
```

(6)
```
  6 7 6
×     4
```

(7)
```
  4 9 0
×     8
```

(8)
```
  2 9 6
×     6
```

(9)
```
  1 5 5
×     3
```

(10)
```
  3 6 6
×     8
```

(11)
```
  5 4 9
×     6
```

(12)
```
  9 7 9
×     9
```

(13)
```
  2 7 6
×     5
```

(14)
```
  6 2 5
×     7
```

(15)
```
  6 7 9
×     4
```

40 まとめのテスト❼

目ひょう時間

20分

学習した日　　　月　　　日

名前

とく点

／100点

らくらくマルつけ
40
解説→170ページ

---

① 次のかけ算を計算しましょう。　　　　1つ1点【4点】

(1) $20 \times 3 =$

(2) $50 \times 6 =$

(3) $300 \times 6 =$

(4) $900 \times 7 =$

② 次のかけ算を筆算でしましょう。　　　1つ3点【36点】

(1)
```
   1 2
 ×   2
```

(2)
```
   2 2
 ×   3
```

(3)
```
   3 2
 ×   3
```

(4)
```
   1 3
 ×   8
```

(5)
```
   2 8
 ×   8
```

(6)
```
   1 8
 ×   7
```

(7)
```
   8 8
 ×   3
```

(8)
```
   3 6
 ×   5
```

(9)
```
   5 6
 ×   2
```

(10)
```
   9 6
 ×   4
```

(11)
```
   6 4
 ×   6
```

(12)
```
   7 3
 ×   9
```

③ 次のかけ算を筆算でしましょう。　　　1つ4点【60点】

(1)
```
   2 0 7
 ×     2
```

(2)
```
   7 1 4
 ×     6
```

(3)
```
   3 1 2
 ×     7
```

(4)
```
   2 1 6
 ×     9
```

(5)
```
   9 7 2
 ×     3
```

(6)
```
   4 5 6
 ×     4
```

(7)
```
   7 2 9
 ×     9
```

(8)
```
   5 6 7
 ×     9
```

(9)
```
   3 8 4
 ×     6
```

(10)
```
   9 8 7
 ×     3
```

(11)
```
   5 3 9
 ×     5
```

(12)
```
   9 2 4
 ×     4
```

(13)
```
   3 7 4
 ×     4
```

(14)
```
   9 8 0
 ×     9
```

(15)
```
   3 0 8
 ×     8
```

40 まとめのテスト❼

目ひょう時間 ⏱ 20分

学習した日　　月　　日

名前

とく点

／100点

40 解説→170ページ

❶ 次のかけ算を計算しましょう。　　1つ1点【4点】

(1)　20×3＝

(2)　50×6＝

(3)　300×6＝

(4)　900×7＝

❷ 次のかけ算を筆算でしましょう。　　1つ3点【36点】

(1)
```
  1 2
×   2
```

(2)
```
  2 2
×   3
```

(3)
```
  3 2
×   3
```

(4)
```
  1 3
×   8
```

(5)
```
  2 8
×   8
```

(6)
```
  1 8
×   7
```

(7)
```
  8 8
×   3
```

(8)
```
  3 6
×   5
```

(9)
```
  5 6
×   2
```

(10)
```
  9 6
×   4
```

(11)
```
  6 4
×   6
```

(12)
```
  7 3
×   9
```

❸ 次のかけ算を筆算でしましょう。　　1つ4点【60点】

(1)
```
  2 0 7
×     2
```

(2)
```
  7 1 4
×     6
```

(3)
```
  3 1 2
×     7
```

(4)
```
  2 1 6
×     9
```

(5)
```
  9 7 2
×     3
```

(6)
```
  4 5 6
×     4
```

(7)
```
  7 2 9
×     9
```

(8)
```
  5 6 7
×     9
```

(9)
```
  3 8 4
×     6
```

(10)
```
  9 8 7
×     3
```

(11)
```
  5 3 9
×     5
```

(12)
```
  9 2 4
×     4
```

(13)
```
  3 7 4
×     4
```

(14)
```
  9 8 0
×     9
```

(15)
```
  3 0 8
×     8
```

れい 次の□にあてはまる数を考えます。

$(78 \times 5) \times 2 = 78 \times (\square \times 2)$

3つの数のかけ算では、はじめの2つの数を先に計算しても、あとの2つを先に計算しても、答えは同じになるので、$(78 \times 5) \times 2 = 78 \times (\boxed{5} \times 2)$ がなり立ちます。

❶ 次の□にあてはまる数を答えましょう。　1つ5点【30点】

(1) $(17 \times 2) \times 5 = 17 \times (\square \times 5)$

（　　　）

(2) $(26 \times 5) \times 4 = 26 \times (5 \times \square)$

（　　　）

(3) $(92 \times 8) \times 5 = 92 \times (\square \times 5)$

（　　　）

(4) $(9 \times 15) \times 2 = 9 \times (15 \times \square)$

（　　　）

(5) $(43 \times 5) \times 8 = 43 \times (\square \times 8)$

（　　　）

(6) $(7 \times 25) \times 4 = 7 \times (25 \times \square)$

（　　　）

❷ 次の□にあてはまる数を答えましょう。　1つ7点【70点】

(1) $(87 \times 6) \times 15 = 87 \times (6 \times \square)$

（　　　）

(2) $(86 \times 4) \times 25 = 86 \times (\square \times 25)$

（　　　）

(3) $(51 \times 2) \times 25 = 51 \times (2 \times \square)$

（　　　）

(4) $(11 \times 25) \times 2 = 11 \times (\square \times 2)$

（　　　）

(5) $(61 \times 15) \times 6 = 61 \times (15 \times \square)$

（　　　）

(6) $(73 \times 15) \times 2 = 73 \times (\square \times 2)$

（　　　）

(7) $(38 \times 25) \times 4 = 38 \times (25 \times \square)$

（　　　）

(8) $(59 \times 2) \times 15 = 59 \times (\square \times 15)$

（　　　）

(9) $(22 \times 8) \times 125 = 22 \times (8 \times \square)$

（　　　）

(10) $(13 \times 125) \times 8 = 13 \times (\square \times 8)$

（　　　）

41 かけ算のきまり②

目ひょう時間
⏱ 20分

学習した日　　月　　日

名前

とく点
／100点

らくらくマルつけ

41
解説→170ページ

れい 次の□にあてはまる数を考えます。

$(78 \times 5) \times 2 = 78 \times (\square \times 2)$

3つの数のかけ算では、はじめの2つの数を先に計算しても、あとの2つを先に計算しても、答えは同じになるので、
$(78 \times 5) \times 2 = 78 \times (\boxed{5} \times 2)$ がなり立ちます。

---

❶ 次の□にあてはまる数を答えましょう。　　1つ5点【30点】

(1) $(17 \times 2) \times 5 = 17 \times (\square \times 5)$

（　　　　）

(2) $(26 \times 5) \times 4 = 26 \times (5 \times \square)$

（　　　　）

(3) $(92 \times 8) \times 5 = 92 \times (\square \times 5)$

（　　　　）

(4) $(9 \times 15) \times 2 = 9 \times (15 \times \square)$

（　　　　）

(5) $(43 \times 5) \times 8 = 43 \times (\square \times 8)$

（　　　　）

(6) $(7 \times 25) \times 4 = 7 \times (25 \times \square)$

（　　　　）

---

❷ 次の□にあてはまる数を答えましょう。　　1つ7点【70点】

(1) $(87 \times 6) \times 15 = 87 \times (6 \times \square)$

（　　　　）

(2) $(86 \times 4) \times 25 = 86 \times (\square \times 25)$

（　　　　）

(3) $(51 \times 2) \times 25 = 51 \times (2 \times \square)$

（　　　　）

(4) $(11 \times 25) \times 2 = 11 \times (\square \times 2)$

（　　　　）

(5) $(61 \times 15) \times 6 = 61 \times (15 \times \square)$

（　　　　）

(6) $(73 \times 15) \times 2 = 73 \times (\square \times 2)$

（　　　　）

(7) $(38 \times 25) \times 4 = 38 \times (25 \times \square)$

（　　　　）

(8) $(59 \times 2) \times 15 = 59 \times (\square \times 15)$

（　　　　）

(9) $(22 \times 8) \times 125 = 22 \times (8 \times \square)$

（　　　　）

(10) $(13 \times 125) \times 8 = 13 \times (\square \times 8)$

（　　　　）

42 かけ算のきまり③

目ひょう時間 ⏱ **20分**

学習した日　　　月　　　日

名前

とく点　　／100点

42 解説→171ページ

れい　38×5×2をくふうして計算します。

5×2＝10であることをり用するために、あとの2つを先に計算します。

38×5×2＝38×(5×2)＝38×10＝380

1　次のかけ算をくふうして計算しましょう。

1つ8点【40点】

(1)　17×5×4＝

(2)　13×8×5＝

(3)　31×2×5＝

(4)　68×2×15＝

(5)　51×2×25＝

2　次のかけ算をくふうして計算しましょう。

1つ10点【60点】

(1)　83×5×2＝

(2)　27×4×5＝

(3)　56×25×4＝

(4)　49×4×25＝

(5)　24×8×125＝

(6)　19×125×8＝

42 かけ算のきまり③

✏ 学習した日	月	日	とく点
名前			／100点

42
解説→171ページ

れい 38×5×2をくふうして計算します。

5×2＝10であることをり用するために、あとの2つを先に計算します。

38×5×2＝38×（5×2）＝38×10＝380

❶ 次のかけ算をくふうして計算しましょう。 1つ8点【40点】

(1) 17×5×4＝

(2) 13×8×5＝

(3) 31×2×5＝

(4) 68×2×15＝

(5) 51×2×25＝

❷ 次のかけ算をくふうして計算しましょう。 1つ10点【60点】

(1) 83×5×2＝

(2) 27×4×5＝

(3) 56×25×4＝

(4) 49×4×25＝

(5) 24×8×125＝

(6) 19×125×8＝

目ひょう時間 ⏱ **20分**

学習した日　　月　　日

名前

とく点　／100点

43 解説→171ページ

れい　16×4＋16×6を計算します。

どちらも 16×□なので、16×（ ）のかたちにまとめます。

16×4＋16×6＝16×（4＋6）
　　　　　　＝16×10＝160

---

❶ 次の□にあてはまる数を答えましょう。　　1つ5点【40点】

(1)　14×3＋14×7＝14×（□＋7）

（　　　　　）

(2)　52×4＋52×6＝52×（□＋6）

（　　　　　）

(3)　49×2＋49×8＝49×（2＋□）

（　　　　　）

(4)　86×7＋86×3＝86×（7＋□）

（　　　　　）

(5)　46×16＋46×4＝46×（16＋□）

（　　　　　）

(6)　26×37＋26×13＝26×（□＋13）

（　　　　　）

(7)　73×75＋73×25＝73×（□＋25）

（　　　　　）

(8)　57×64＋57×36＝57×（64＋□）

（　　　　　）

❷ 次のかけ算を計算しましょう。　　1つ6点【60点】

(1)　43×7＋43×3＝

(2)　51×2＋51×8＝

(3)　91×3＋91×7＝

(4)　83×6＋83×4＝

(5)　64×4＋64×6＝

(6)　41×18＋41×2＝

(7)　29×6＋29×14＝

(8)　13×37＋13×13＝

(9)　24×27＋24×73＝

(10)　67×67＋67×33＝

43 かけ算のきまり④

目ひょう時間
⏱ 20分

学習した日　　月　　日
名前
とく点　　／100点

解説→171ページ

れい 16×4+16×6を計算します。

どちらも16×□なので、16×( )のかたちにまとめます。

16×4+16×6＝16×(4+6)

　　　　　　＝16×10＝160

---

❶ 次の□にあてはまる数を答えましょう。　　1つ5点【40点】

(1) 14×3+14×7＝14×(□+7)

( )

(2) 52×4+52×6＝52×(□+6)

( )

(3) 49×2+49×8＝49×(2+□)

( )

(4) 86×7+86×3＝86×(7+□)

( )

(5) 46×16+46×4＝46×(16+□)

( )

(6) 26×37+26×13＝26×(□+13)

( )

(7) 73×75+73×25＝73×(□+25)

( )

(8) 57×64+57×36＝57×(64+□)

( )

❷ 次のかけ算を計算しましょう。　　1つ6点【60点】

(1) 43×7+43×3＝

(2) 51×2+51×8＝

(3) 91×3+91×7＝

(4) 83×6+83×4＝

(5) 64×4+64×6＝

(6) 41×18+41×2＝

(7) 29×6+29×14＝

(8) 13×37+13×13＝

(9) 24×27+24×73＝

(10) 67×67+67×33＝

44 （2けた×2けた）の筆算①

目ひょう時間 **20分**

 学習した日　　月　　日

名前

とく点

／100点

44
解説→171ページ

らくらく
マルつけ

れい 21×23を筆算でします。

```
    2 1
  × 2 3
  -----
    6 3    ←21×3の答えを書く。
  4 2      ←21×2を左へ1けたずらして書く。
  -----
  4 8 3    ←63+420
```

① 次のかけ算を筆算でしましょう。

1つ6点【36点】

(1)
```
    3 2
  × 1 1
```

(2)
```
    2 3
  × 1 2
```

(3)
```
    1 4
  × 2 1
```

(4)
```
    1 1
  × 4 5
```

(5)
```
    1 3
  × 1 2
```

(6)
```
    1 4
  × 1 2
```

② 次のかけ算を筆算でしましょう。

1つ8点【64点】

(1)
```
    3 4
  × 2 2
```

(2)
```
    3 2
  × 1 3
```

(3)
```
    2 4
  × 1 2
```

(4)
```
    3 3
  × 1 3
```

(5)
```
    6 5
  × 1 1
```

(6)
```
    4 2
  × 1 2
```

(7)
```
    2 3
  × 3 3
```

(8)
```
    3 1
  × 3 2
```

44 （2けた×2けた）の筆算①

目ひょう時間 20分

学習した日　　月　　日　　とく点

名前

／100点

44
解説→171ページ

れい 21×23を筆算でします。

```
      2 1
  ×   2 3
  ───────
      6 3    ←21×3の答えを書く。
    4 2      ←21×2を左へ1けたずらして書く。
  ───────
    4 8 3    ←63+420
```

❶ 次のかけ算を筆算でしましょう。

1つ6点【36点】

(1)
```
    3 2
  × 1 1
```

(2)
```
    2 3
  × 1 2
```

(3)
```
    1 4
  × 2 1
```

(4)
```
    1 1
  × 4 5
```

(5)
```
    1 3
  × 1 2
```

(6)
```
    1 4
  × 1 2
```

❷ 次のかけ算を筆算でしましょう。

1つ8点【64点】

(1)
```
    3 4
  × 2 2
```

(2)
```
    3 2
  × 1 3
```

(3)
```
    2 4
  × 1 2
```

(4)
```
    3 3
  × 1 3
```

(5)
```
    6 5
  × 1 1
```

(6)
```
    4 2
  × 1 2
```

(7)
```
    2 3
  × 3 3
```

(8)
```
    3 1
  × 3 2
```

45 （2けた×2けた）の筆算②

学習した日　　月　　日　　とく点

名前

／100点

45
解説→171ページ

れい 43×76を筆算でします。

```
      4 3
  ×   7 6
  ─────────
    2 5 8   ←43×6の答えを書く。
  3 0 1     ←43×7を左へ1けたずらして書く。
  ─────────
  3 2 6 8   ←258+3010
```

---

① 次のかけ算を筆算でしましょう。

1つ6点【36点】

(1)
```
    9 4
  × 3 3
```

(2)
```
    7 1
  × 3 7
```

(3)
```
    3 7
  × 8 3
```

(4)
```
    8 4
  × 5 5
```

(5)
```
    5 9
  × 4 8
```

(6)
```
    9 7
  × 2 3
```

---

② 次のかけ算を筆算でしましょう。

1つ8点【64点】

(1)
```
    8 5
  × 2 9
```

(2)
```
    2 4
  × 9 7
```

(3)
```
    5 7
  × 6 3
```

(4)
```
    5 3
  × 7 9
```

(5)
```
    8 6
  × 2 8
```

(6)
```
    4 2
  × 7 4
```

(7)
```
    4 5
  × 3 8
```

(8)
```
    7 8
  × 4 7
```

45 （2けた×2けた）の筆算②

目ひょう時間 ⏱ 20分

| 学習した日 | 月 | 日 | とく点 |
| 名前 | | | /100点 |

解説→171ページ

れい 43×76を筆算でします。

```
    4 3
  × 7 6
  ─────
  2 5 8   ←43×6の答えを書く。
3 0 1     ←43×7を左へ1けたずらして書く。
─────
3 2 6 8   ←258+3010
```

❶ 次のかけ算を筆算でしましょう。　　　　　1つ6点【36点】

(1)
```
    9 4
  × 3 3
```

(2)
```
    7 1
  × 3 7
```

(3)
```
    3 7
  × 8 3
```

(4)
```
    8 4
  × 5 5
```

(5)
```
    5 9
  × 4 8
```

(6)
```
    9 7
  × 2 3
```

❷ 次のかけ算を筆算でしましょう。　　　　　1つ8点【64点】

(1)
```
    8 5
  × 2 9
```

(2)
```
    2 4
  × 9 7
```

(3)
```
    5 7
  × 6 3
```

(4)
```
    5 3
  × 7 9
```

(5)
```
    8 6
  × 2 8
```

(6)
```
    4 2
  × 7 4
```

(7)
```
    4 5
  × 3 8
```

(8)
```
    7 8
  × 4 7
```

46 （3けた×2けた）の筆算①

れい 112×24を筆算でします。

```
    1 1 2
×    2 4
─────────
    4 4 8   ←112×4の答えを書く。
  2 2 4     ←112×2を左へ1けたずらして書く。
─────────
  2 6 8 8   ←448+2240
```

❶ 次のかけ算を筆算でしましょう。

1つ6点【36点】

(1)
```
    1 1 0
×    2 3
```

(2)
```
    1 2 0
×    4 2
```

(3)
```
    1 2 0
×    4 4
```

(4)
```
    1 0 3
×    1 3
```

(5)
```
    1 0 2
×    3 1
```

(6)
```
    1 4 0
×    2 2
```

❷ 次のかけ算を筆算でしましょう。

1つ8点【64点】

(1)
```
    2 2 3
×    2 2
```

(2)
```
    4 2 3
×    1 2
```

(3)
```
    1 2 3
×    1 3
```

(4)
```
    3 1 3
×    3 2
```

(5)
```
    4 1 2
×    2 1
```

(6)
```
    4 6 8
×    1 1
```

(7)
```
    1 1 3
×    3 2
```

(8)
```
    2 2 1
×    4 4
```

46 （3けた×2けた）の筆算①

目ひょう時間
⏱
20分

学習した日　　　月　　　日

名前

とく点

／100点

46
解説→171ページ

れい 112×24を筆算でします。

```
    1 1 2
  ×   2 4
  ─────────
    4 4 8   ←112×4の答えを書く。
  2 2 4     ←112×2を左へ1けたずらして書く。
  ─────────
  2 6 8 8   ←448＋2240
```

---

❶ 次のかけ算を筆算でしましょう。

1つ6点【36点】

(1)
```
    1 1 0
  ×   2 3
```

(2)
```
    1 2 0
  ×   4 2
```

(3)
```
    1 2 0
  ×   4 4
```

(4)
```
    1 0 3
  ×   1 3
```

(5)
```
    1 0 2
  ×   3 1
```

(6)
```
    1 4 0
  ×   2 2
```

---

❷ 次のかけ算を筆算でしましょう。

1つ8点【64点】

(1)
```
    2 2 3
  ×   2 2
```

(2)
```
    4 2 3
  ×   1 2
```

(3)
```
    1 2 3
  ×   1 3
```

(4)
```
    3 1 3
  ×   3 2
```

(5)
```
    4 1 2
  ×   2 1
```

(6)
```
    4 6 8
  ×   1 1
```

(7)
```
    1 1 3
  ×   3 2
```

(8)
```
    2 2 1
  ×   4 4
```

47 （3けた×2けた）の筆算②

れい　248×48を筆算でします。

```
    2 4 8
×    4 8
─────────
  1 9 8 4   ←248×8の答えを書く。
    9 9 2   ←248×4を左へ1けたずらして書く。
─────────
1 1 9 0 4   ←1984+9920
```

① 次のかけ算を筆算でしましょう。

1つ6点【36点】

(1)
```
    4 6 8
×    3 3
```

(2)
```
    4 2 1
×    4 2
```

(3)
```
    2 8 3
×    3 8
```

(4)
```
    3 9 7
×    3 1
```

(5)
```
    2 5 6
×    4 7
```

(6)
```
    4 0 5
×    8 3
```

② 次のかけ算を筆算でしましょう。

1つ8点【64点】

(1)
```
    4 5 9
×    8 3
```

(2)
```
    5 6 5
×    8 1
```

(3)
```
    2 2 0
×    9 7
```

(4)
```
    2 7 9
×    4 7
```

(5)
```
    8 9 5
×    5 4
```

(6)
```
    9 9 7
×    3 5
```

(7)
```
    7 3 9
×    7 9
```

(8)
```
    9 2 2
×    2 9
```

47 （3けた×2けた）の筆算②

れい 248×48を筆算でします。

```
      2 4 8
   ×   4 8
  ───────────
   1 9 8 4  ←248×8の答えを書く。
   9 9 2    ←248×4を左へ1けたずらして書く。
  ───────────
  1 1 9 0 4  ←1984＋9920
```

1 次のかけ算を筆算でしましょう。　　1つ6点【36点】

(1)
```
    4 6 8
  ×   3 3
```

(2)
```
    4 2 1
  ×   4 2
```

(3)
```
    2 8 3
  ×   3 8
```

(4)
```
    3 9 7
  ×   3 1
```

(5)
```
    2 5 6
  ×   4 7
```

(6)
```
    4 0 5
  ×   8 3
```

2 次のかけ算を筆算でしましょう。　　1つ8点【64点】

(1)
```
    4 5 9
  ×   8 3
```

(2)
```
    5 6 5
  ×   8 1
```

(3)
```
    2 2 0
  ×   9 7
```

(4)
```
    2 7 9
  ×   4 7
```

(5)
```
    8 9 5
  ×   5 4
```

(6)
```
    9 9 7
  ×   3 5
```

(7)
```
    7 3 9
  ×   7 9
```

(8)
```
    9 2 2
  ×   2 9
```

まとめのテスト❽

目ひょう時間 **20**分

学習した日　　　月　　　日

名前

とく点

／100点

48
解説→172ページ

① 次のかけ算を計算しましょう。

1つ5点【10点】

(1) $43 \times 2 \times 5 =$

(2) $17 \times 25 \times 4 =$

② 次のかけ算を筆算でしましょう。

1つ6点【36点】

(1)
```
   1 6
 × 6 1
```

(2)
```
   3 8
 × 1 4
```

(3)
```
   9 9
 × 3 1
```

(4)
```
   8 1
 × 3 5
```

(5)
```
   5 2
 × 7 6
```

(6)
```
   8 6
 × 2 2
```

③ 次のかけ算を筆算でしましょう。

1つ6点【54点】

(1)
```
   1 6 6
 ×   1 3
```

(2)
```
   2 0 6
 ×   1 7
```

(3)
```
   3 9 8
 ×   1 2
```

(4)
```
   4 7 4
 ×   8 7
```

(5)
```
   5 7 5
 ×   4 6
```

(6)
```
   9 0 4
 ×   7 2
```

(7)
```
   8 6 8
 ×   8 6
```

(8)
```
   7 4 0
 ×   7 2
```

(9)
```
   2 7 8
 ×   8 5
```

48 まとめのテスト❽

❶ 次のかけ算を計算しましょう。　　1つ5点【10点】

(1)　$43 \times 2 \times 5 =$

(2)　$17 \times 25 \times 4 =$

❷ 次のかけ算を筆算でしましょう。　　1つ6点【36点】

(1)
```
   1 6
 × 6 1
```

(2)
```
   3 8
 × 1 4
```

(3)
```
   9 9
 × 3 1
```

(4)
```
   8 1
 × 3 5
```

(5)
```
   5 2
 × 7 6
```

(6)
```
   8 6
 × 2 2
```

❸ 次のかけ算を筆算でしましょう。　　1つ6点【54点】

(1)
```
   1 6 6
 ×   1 3
```

(2)
```
   2 0 6
 ×   1 7
```

(3)
```
   3 9 8
 ×   1 2
```

(4)
```
   4 7 4
 ×   8 7
```

(5)
```
   5 7 5
 ×   4 6
```

(6)
```
   9 0 4
 ×   7 2
```

(7)
```
   8 6 8
 ×   8 6
```

(8)
```
   7 4 0
 ×   7 2
```

(9)
```
   2 7 8
 ×   8 5
```

目ひょう時間 ⏱ **20分**

学習した日　　月　　日　　とく点

名前

／100点

49
解説→172ページ

れい　57÷3を筆算でします。

① 5÷3の商1を十のくらいにたてます。

② 5−3×1＝2

③ 一のくらいの7をおろします。

④ 27÷3の商9を一のくらいにたてます。

⑤ 27−3×9＝0

答えは19になります。

❶ 次のわり算を筆算でしましょう。

1つ5点【40点】

(1) 2)56

(2) 3)66

(3) 2)68

(4) 2)46

(5) 3)54

(6) 2)30

(7) 3)96

(8) 3)63

❷ 次のわり算を筆算でしましょう。

1つ5点【60点】

(1) 5)60

(2) 7)91

(3) 4)92

(4) 6)72

(5) 6)78

(6) 9)99

(7) 5)80

(8) 4)60

(9) 8)88

(10) 5)65

(11) 7)98

(12) 4)68

ⓐ （2けた÷1けた）の筆算①

学習した日	月	日	とく点
名前			/100点

49 解説→172ページ

れい 57÷3を筆算でします。

```
    ① 1 9 ④
  3 ) 5 7
      3
  ② 2 7 ③
    2 7
    ⑤ 0
```

① 5÷3の商1を十のくらいにたてます。

② 5－3×1＝2

③ 一のくらいの7をおろします。

④ 27÷3の商9を一のくらいにたてます。

⑤ 27－3×9＝0

答えは19になります。

---

❶ 次のわり算を筆算でしましょう。　1つ5点【40点】

(1) 2) 5 6　　(2) 3) 6 6　　(3) 2) 6 8　　(4) 2) 4 6

(5) 3) 5 4　　(6) 2) 3 0　　(7) 3) 9 6　　(8) 3) 6 3

---

❷ 次のわり算を筆算でしましょう。　1つ5点【60点】

(1) 5) 6 0　　(2) 7) 9 1　　(3) 4) 9 2　　(4) 6) 7 2

(5) 6) 7 8　　(6) 9) 9 9　　(7) 5) 8 0　　(8) 4) 6 0

(9) 8) 8 8　　(10) 5) 6 5　　(11) 7) 9 8　　(12) 4) 6 8

れい **76÷3を筆算でします。**

```
    25
  3)76
    6
    16
    15
     1
```

① 7÷3の商2を十のくらいにたてます。

② 7−3×2＝1

③ 一のくらいの6をおろします。

④ 16÷3の商5を一のくらいにたてます。

⑤ 16−3×5＝1　　答えは25あまり1になります。

❶ 次のわり算を筆算でしましょう。 1つ5点【40点】

(1)　2)27　　(2)　3)50　　(3)　2)75　　(4)　3)73

(5)　2)49　　(6)　3)94　　(7)　3)44　　(8)　2)97

❷ 次のわり算を筆算でしましょう。 1つ5点【60点】

(1)　6)88　　(2)　5)74　　(3)　8)95　　(4)　4)74

(5)　5)76　　(6)　8)97　　(7)　4)49　　(8)　7)82

(9)　4)87　　(10)　7)86　　(11)　6)93　　(12)　5)98

50 （2けた÷1けた）の筆算②

学習した日	月	日	とく点
名前			／100点

らくらくマルつけ
50
解説→173ページ

れい 76÷3を筆算でします。

```
   ①   ④
   2 5
3) 7 6
   6
② 1 6 ③
   1 5
  ⑤ 1
```

① 7÷3の商2を十のくらいにたてます。

② 7−3×2＝1

③ 一のくらいの6をおろします。

④ 16÷3の商5を一のくらいにたてます。

⑤ 16−3×5＝1

答えは25あまり1になります。

---

❶ 次のわり算を筆算でしましょう。　1つ5点【40点】

(1) 2)27

(2) 3)50

(3) 2)75

(4) 3)73

(5) 2)49

(6) 3)94

(7) 3)44

(8) 2)97

---

❷ 次のわり算を筆算でしましょう。　1つ5点【60点】

(1) 6)88

(2) 5)74

(3) 8)95

(4) 4)74

(5) 5)76

(6) 8)97

(7) 4)49

(8) 7)82

(9) 4)87

(10) 7)86

(11) 6)93

(12) 5)98

目ひょう時間 **20分**

 学習した日　　　月　　　日

名前

とく点　　／100点

51
解説→173ページ

❶ 次のわり算を筆算でしましょう。　　　　　1つ5点【50点】

(1)　3) 8 1

(2)　7) 8 4

(3)　2) 9 2

(4)　6) 6 6

(5)　2) 7 2

(6)　4) 4 4

(7)　8) 9 6

(8)　3) 6 0

(9)　6) 8 4

(10)　5) 9 0

❷ 次のわり算を筆算でしましょう。　　　　　1つ5点【50点】

(1)　9) 9 7

(2)　2) 8 7

(3)　6) 7 4

(4)　5) 8 7

(5)　4) 9 0

(6)　5) 6 6

(7)　8) 8 3

(8)　3) 5 3

(9)　7) 9 9

(10)　4) 5 9

51 （2けた÷1けた）の筆算③

目ひょう時間 20分

学習した日　　　月　　　日　　とく点

名前

／100点

解説→173ページ

---

❶ 次のわり算を筆算でしましょう。　　　1つ5点【50点】

(1)
$$3\overline{)81}$$

(2)
$$7\overline{)84}$$

(3)
$$2\overline{)92}$$

(4)
$$6\overline{)66}$$

(5)
$$2\overline{)72}$$

(6)
$$4\overline{)44}$$

(7)
$$8\overline{)96}$$

(8)
$$3\overline{)60}$$

(9)
$$6\overline{)84}$$

(10)
$$5\overline{)90}$$

---

❷ 次のわり算を筆算でしましょう。　　　1つ5点【50点】

(1)
$$9\overline{)97}$$

(2)
$$2\overline{)87}$$

(3)
$$6\overline{)74}$$

(4)
$$5\overline{)87}$$

(5)
$$4\overline{)90}$$

(6)
$$5\overline{)66}$$

(7)
$$8\overline{)83}$$

(8)
$$3\overline{)53}$$

(9)
$$7\overline{)99}$$

(10)
$$4\overline{)59}$$

52 （2けた÷1けた）の筆算④

✏ 学習した日　　　月　　　日　　とく点

名前

／100点

52
解説→173ページ

❶ 次のわり算を筆算でしましょう。　1つ5点【50点】

(1) 4)64

(2) 2)38

(3) 6)90

(4) 3)78

(5) 6)96

(6) 5)70

(7) 2)70

(8) 4)56

(9) 3)51

(10) 7)77

❷ 次のわり算を筆算でしましょう。　1つ5点【50点】

(1) 4)86

(2) 2)37

(3) 5)73

(4) 3)79

(5) 6)83

(6) 2)55

(7) 5)82

(8) 4)65

(9) 3)59

(10) 7)96

52 （2けた÷1けた）の筆算④

目ひょう時間 20分

学習した日　　　月　　　日

名前

とく点　　　／100点

52
解説→173ページ

❶ 次のわり算を筆算でしましょう。

1つ5点【50点】

(1) 4)64　(2) 2)38　(3) 6)90　(4) 3)78

(5) 6)96　(6) 5)70　(7) 2)70　(8) 4)56

(9) 3)51　(10) 7)77

❷ 次のわり算を筆算でしましょう。

1つ5点【50点】

(1) 4)86　(2) 2)37　(3) 5)73　(4) 3)79

(5) 6)83　(6) 2)55　(7) 5)82　(8) 4)65

(9) 3)59　(10) 7)96

❶ 次のわり算を筆算でしましょう。　　　1つ5点【50点】

(1)
$3\overline{)57}$

(2)
$2\overline{)54}$

(3)
$3\overline{)69}$

(4)
$2\overline{)76}$

(5)
$3\overline{)99}$

(6)
$2\overline{)57}$

(7)
$2\overline{)95}$

(8)
$3\overline{)97}$

(9)
$2\overline{)35}$

(10)
$3\overline{)56}$

❷ 次のわり算を筆算でしましょう。　　　1つ5点【50点】

(1)
$4\overline{)76}$

(2)
$5\overline{)55}$

(3)
$4\overline{)52}$

(4)
$5\overline{)75}$

(5)
$5\overline{)85}$

(6)
$4\overline{)62}$

(7)
$6\overline{)68}$

(8)
$4\overline{)77}$

(9)
$5\overline{)94}$

(10)
$7\overline{)73}$

53 まとめのテスト❾

目ひょう時間 20分

学習した日　　　月　　　日　　とく点

名前

／100点

53
解説→173ページ

❶ 次のわり算を筆算でしましょう。　　1つ5点【50点】

(1)
$3 \overline{)57}$

(2)
$2 \overline{)54}$

(3)
$3 \overline{)69}$

(4)
$2 \overline{)76}$

(5)
$3 \overline{)99}$

(6)
$2 \overline{)57}$

(7)
$2 \overline{)95}$

(8)
$3 \overline{)97}$

(9)
$2 \overline{)35}$

(10)
$3 \overline{)56}$

❷ 次のわり算を筆算でしましょう。　　1つ5点【50点】

(1)
$4 \overline{)76}$

(2)
$5 \overline{)55}$

(3)
$4 \overline{)52}$

(4)
$5 \overline{)75}$

(5)
$5 \overline{)85}$

(6)
$4 \overline{)62}$

(7)
$6 \overline{)68}$

(8)
$4 \overline{)77}$

(9)
$5 \overline{)94}$

(10)
$7 \overline{)73}$

❶ 次のかけ算の筆算の□には同じ数が入ります。その数を答えましょう。　　　　1つ13点【52点】

(1)
```
   □ 0 9
 ×   3 7
 ─────────
 3 □ 6 3
1 □ 2 7
─────────
1 8 8 3 3
```

（　　　　）

(2)
```
   □ 4 7
 ×   8 □
 ─────────
 1 0 4 1
2 7 7 6
─────────
2 8 8 0 1
```

（　　　　）

(3)
```
   9 6 □
 ×   □ 9
 ─────────
 8 6 5 8
1 9 □ 4
─────────
□ 7 8 9 8
```

（　　　　）

(4)
```
   7 □ 5
 ×   7 □
 ─────────
 4 5 9 0
5 3 5 5
─────────
5 8 1 4 0
```

（　　　　）

❷ 次のわり算の筆算の□には同じ数が入ります。その数を答えましょう。　　　　1つ12点【48点】

(1)
```
         1 2
     ┌─────────
  □ )  □ 7
       □
     ─────
       7
       6
     ─────
       1
```

（　　　　）

(2)
```
         1 6
     ┌─────────
  □ )  3 □
       □
     ─────
       1 □
       1 □
     ─────
         0
```

（　　　　）

(3)
```
         1 4
     ┌─────────
  □ )  □ 9
       □
     ─────
         9
         8
     ─────
         1
```

（　　　　）

(4)
```
         1 3
     ┌─────────
  □ )  9 □
       □
     ─────
       2 □
       2 1
     ─────
         6
```

（　　　　）

54 パズル③

目ひょう時間 ⏱ 20分

学習した日　　　月　　　日

名前

とく点　　　／100点

54
解説→174ページ

❶ 次のかけ算の筆算の□には同じ数が入ります。その数を答えましょう。

1つ13点【52点】

(1)
```
    □ 0 9
  ×   3 7
  ─────────
    3 □ 6 3
  1 □ 2 7
  ─────────
  1 8 8 3 3
```

(　　　　　)

(2)
```
    □ 4 7
  ×     8 □
  ─────────
    1 0 4 1
  2 7 7 6
  ─────────
  2 8 8 0 1
```

(　　　　　)

(3)
```
    9 6 □
  ×   □ 9
  ─────────
  8 6 5 8
  1 9 □ 4
  ─────────
  □ 7 8 9 8
```

(　　　　　)

(4)
```
    7 □ 5
  ×   7 □
  ─────────
  4 5 9 0
  5 3 5 5
  ─────────
  5 8 1 4 0
```

(　　　　　)

❷ 次のわり算の筆算の□には同じ数が入ります。その数を答えましょう。

1つ12点【48点】

(1)
```
         1 2
      ┌──────
    □ )□ 7
      □
      ──────
        7
        6
      ──────
        1
```

(　　　　　)

(2)
```
         1 6
      ┌──────
    □ )3 □
      □
      ──────
      1 □
      1 □
      ──────
        0
```

(　　　　　)

(3)
```
         1 4
      ┌──────
    □ )□ 9
      □
      ──────
        9
        8
      ──────
        1
```

(　　　　　)

(4)
```
         1 3
      ┌──────
    □ )9 □
      □
      ──────
      2 □
      2 1
      ──────
        6
```

(　　　　　)

目ひょう時間
🕐 **20分**

学習した日　　月　　日

名前

とく点

／100点

れい 356÷2を筆算でします。

```
      1 7 8
  2 ) 3 5 6
      2
      1 5
      1 4
        1 6
        1 6
          0
```

百のくらいの3を2でわり、
商1を百のくらいにたてます。
　　3−2×1＝1
十のくらいの5をおろします。
15を2でわり商7を十のくらいにたてます。
　　15−2×7＝1
一のくらいの6をおろします。
16を2でわり商8を一のくらいにたてます。
16−2×8＝0より、答えは178です。

❶ 次のわり算を筆算でしましょう。　　　1つ12点【36点】

(1)

4) 6 2 8

(2)

4) 9 3 2

(3)

3) 3 7 2

❷ 次のわり算を筆算でしましょう。　　　1つ8点【64点】

(1)

3) 6 1 8

(2)

6) 7 8 0

(3)

6) 1 2 6

(4)

8) 1 1 2

(5)

9) 1 4 4

(6)

2) 1 3 2

(7)

4) 3 8 4

(8)

6) 4 0 8

55 （3けた÷1けた）の筆算①

目ひょう時間 ⏱ **20分**

学習した日　　月　　日

名前

とく点　／100点

解説→174ページ

らくらくマルつけ

れい 356÷2を筆算でします。

```
      1 7 8
   2 ) 3 5 6
      2
      ─────
      1 5
      1 4
      ─────
        1 6
        1 6
      ─────
          0
```

百のくらいの3を2でわり、
商1を百のくらいにたてます。
　　3−2×1＝1

十のくらいの5をおろします。
15を2でわり商7を十のくらいにたてます。
　　15−2×7＝1

一のくらいの6をおろします。
16を2でわり商8を一のくらいにたてます。
16−2×8＝0より、答えは178です。

---

❶ 次のわり算を筆算でしましょう。　　1つ12点【36点】

(1)
```
4 ) 6 2 8
```

(2)
```
4 ) 9 3 2
```

(3)
```
3 ) 3 7 2
```

---

❷ 次のわり算を筆算でしましょう。　　1つ8点【64点】

(1)
```
3 ) 6 1 8
```

(2)
```
6 ) 7 8 0
```

(3)
```
6 ) 1 2 6
```

(4)
```
8 ) 1 1 2
```

(5)
```
9 ) 1 4 4
```

(6)
```
2 ) 1 3 2
```

(7)
```
4 ) 3 8 4
```

(8)
```
6 ) 4 0 8
```

れい　783÷4を筆算でします。

```
      1 9 5
  4 ) 7 8 3
      4
      ─────
      3 8
      3 6
      ─────
        2 3
        2 0
      ─────
          3
```

百のくらいの7を4でわり、商1を百のくらいにたてます。

7−4×1=3

十のくらいの8をおろします。

38を4でわり商9を十のくらいにたてます。

38−4×9=2

一のくらいの3をおろします。

23を4でわり商5を一のくらいにたてます。

23−4×5=3

答えは195あまり3になります。

---

❶ 次のわり算を筆算でしましょう。　　1つ12点【36点】

(1)
```
4 ) 6 6 7
```

(2)
```
5 ) 9 9 7
```

(3)
```
2 ) 6 9 7
```

---

❷ 次のわり算を筆算でしましょう。　　1つ8点【64点】

(1)
```
4 ) 9 6 3
```

(2)
```
7 ) 7 4 3
```

(3)
```
9 ) 1 3 9
```

(4)
```
8 ) 1 7 5
```

(5)
```
5 ) 3 4 9
```

(6)
```
4 ) 2 5 7
```

(7)
```
7 ) 6 4 9
```

(8)
```
9 ) 8 1 1
```

56 （3けた÷1けた）の筆算②

✎ 学習した日	月	日	とく点
名前			／100点

れい 783÷4を筆算でします。

```
        1 9 5
    4 ) 7 8 3
        4
        ─────
        3 8
        3 6
        ─────
          2 3
          2 0
        ─────
            3
```

百のくらいの7を4でわり、商1を百のくらいにたてます。

7−4×1＝3

十のくらいの8をおろします。

38を4でわり商9を十のくらいにたてます。

38−4×9＝2

一のくらいの3をおろします。

23を4でわり商5を一のくらいにたてます。

23−4×5＝3

答えは195あまり3になります。

❶ 次のわり算を筆算でしましょう。　　　　1つ12点【36点】

(1)
```
4 ) 6 6 7
```

(2)
```
5 ) 9 9 7
```

(3)
```
2 ) 6 9 7
```

❷ 次のわり算を筆算でしましょう。　　　　1つ8点【64点】

(1)
```
4 ) 9 6 3
```

(2)
```
7 ) 7 4 3
```

(3)
```
9 ) 1 3 9
```

(4)
```
8 ) 1 7 5
```

(5)
```
5 ) 3 4 9
```

(6)
```
4 ) 2 5 7
```

(7)
```
7 ) 6 4 9
```

(8)
```
9 ) 8 1 1
```

名前

❶ 次のわり算を筆算でしましょう。　　　　1つ8点【40点】

(1)
$$4\overline{)714}$$

(2)
$$3\overline{)119}$$

(3)
$$2\overline{)624}$$

(4)
$$9\overline{)789}$$

(5)
$$5\overline{)621}$$

❷ 次のわり算を筆算でしましょう。　　　　1つ10点【60点】

(1)
$$4\overline{)926}$$

(2)
$$8\overline{)656}$$

(3)
$$2\overline{)855}$$

(4)
$$6\overline{)844}$$

(5)
$$4\overline{)928}$$

(6)
$$3\overline{)783}$$

57 （3けた÷1けた）の筆算③

目ひょう時間
20分

✎ 学習した日	月	日	とく点
名前			/100点

らくらくマルつけ

57
解説→175ページ

❶ 次のわり算を筆算でしましょう。

1つ8点【40点】

(1)
4) 7 1 4

(2)
3) 1 1 9

(3)
2) 6 2 4

(4)
9) 7 8 9

(5)
5) 6 2 1

❷ 次のわり算を筆算でしましょう。

1つ10点【60点】

(1)
4) 9 2 6

(2)
8) 6 5 6

(3)
2) 8 5 5

(4)
6) 8 4 4

(5)
4) 9 2 8

(6)
3) 7 8 3

目ひょう時間 ⏱ 20分

🖊学習した日　　月　　日　　とく点

名前

／100点

58
解説→175ページ

❶ 次のわり算を筆算でしましょう。　　1つ8点【64点】

(1)
3)294

(2)
7)743

(3)
4)261

(4)
6)844

(5)
7)497

(6)
9)496

(7)
9)192

(8)
5)290

❷ 次のわり算を筆算でしましょう。　　1つ6点【36点】

(1)
5)829

(2)
3)639

(3)
4)660

(4)
3)876

(5)
2)277

(6)
4)845

\ もう1回チャレンジ!! /

58 まとめのテスト⓾

目ひょう時間
20分

学習した日　　　月　　　日

名前

とく点

／100点

58
解説→175ページ

❶ 次のわり算を筆算でしましょう。　　　　1つ8点【64点】

(1)

$3\overline{)294}$

(2)

$7\overline{)743}$

(3)

$4\overline{)261}$

(4)

$6\overline{)844}$

(5)

$7\overline{)497}$

(6)

$9\overline{)496}$

(7)

$9\overline{)192}$

(8)

$5\overline{)290}$

❷ 次のわり算を筆算でしましょう。　　　　1つ6点【36点】

(1)

$5\overline{)829}$

(2)

$3\overline{)639}$

(3)

$4\overline{)660}$

(4)

$3\overline{)876}$

(5)

$2\overline{)277}$

(6)

$4\overline{)845}$

目ひょう時間 ⏱ **20分**

学習した日　　月　　日　　名前　　とく点　　／100点

59
解説→176ページ

れい 96÷24を筆算でします。

$$24\overline{)96}$$ 商 4、96

わる数の24を20とみます。
96÷20より、4と見当をつけます。
見当をつけた商の4を一のくらいにたてます。
96−24×4＝0 ← わる数より小さい
答えは4になります。

---

1 次のわり算を筆算でしましょう。　　1つ5点【40点】

(1) $11\overline{)55}$　　(2) $10\overline{)60}$　　(3) $20\overline{)40}$

(4) $18\overline{)72}$　　(5) $24\overline{)48}$　　(6) $33\overline{)99}$

(7) $37\overline{)74}$　　(8) $28\overline{)56}$

---

2 次のわり算を筆算でしましょう。　　1つ5点【60点】

(1) $47\overline{)94}$　　(2) $18\overline{)54}$　　(3) $13\overline{)52}$

(4) $14\overline{)42}$　　(5) $32\overline{)96}$　　(6) $19\overline{)57}$

(7) $15\overline{)45}$　　(8) $13\overline{)78}$　　(9) $17\overline{)68}$

(10) $13\overline{)91}$　　(11) $14\overline{)84}$　　(12) $18\overline{)72}$

59 （2けた÷2けた）の筆算①

目ひょう時間
⏱ 20分

学習した日　　月　　日
名前
とく点
／100点

59
解説→176ページ

れい **96÷24を筆算でします。**

$$24\overline{)96}$$
$$4$$
$$96$$
$$0$$

わる数の24を20とみます。

96÷20より、4と見当をつけます。

見当をつけた商の4を一のくらいにたてます。

96－24×4＝0 ← わる数より小さい

答えは4になります。

---

❶ 次のわり算を筆算でしましょう。　　1つ5点【40点】

(1) $11\overline{)55}$　　(2) $10\overline{)60}$　　(3) $20\overline{)40}$

(4) $18\overline{)72}$　　(5) $24\overline{)48}$　　(6) $33\overline{)99}$

(7) $37\overline{)74}$　　(8) $28\overline{)56}$

---

❷ 次のわり算を筆算でしましょう。　　1つ5点【60点】

(1) $47\overline{)94}$　　(2) $18\overline{)54}$　　(3) $13\overline{)52}$

(4) $14\overline{)42}$　　(5) $32\overline{)96}$　　(6) $19\overline{)57}$

(7) $15\overline{)45}$　　(8) $13\overline{)78}$　　(9) $17\overline{)68}$

(10) $13\overline{)91}$　　(11) $14\overline{)84}$　　(12) $18\overline{)72}$

60 （2けた÷2けた）の筆算②

目ひょう時間 ⏱ 20分

らくらくマルつけ

📝 学習した日　　月　　日

名前

とく点／100点

60
解説→176ページ

れい 59÷28を筆算でします。

```
        2
  28)59
      56
       3
```

わる数の28を20とみます。

59÷20より、2と見当をつけます。

見当をつけた商の2を一のくらいにたてます。

59−28×2＝3より、

答えは2あまり3になります。

---

❶ 次のわり算を筆算でしましょう。　　1つ5点【40点】

(1)
```
20)63
```

(2)
```
10)47
```

(3)
```
11)59
```

(4)
```
12)47
```

(5)
```
31)69
```

(6)
```
11)75
```

(7)
```
30)91
```

(8)
```
28)59
```

---

❷ 次のわり算を筆算でしましょう。　　1つ5点【60点】

(1)
```
43)90
```

(2)
```
39)95
```

(3)
```
17)61
```

(4)
```
16)52
```

(5)
```
35)86
```

(6)
```
16)77
```

(7)
```
12)77
```

(8)
```
22)82
```

(9)
```
12)66
```

(10)
```
16)79
```

(11)
```
26)86
```

(12)
```
27)99
```

60 （2けた÷2けた）の筆算②

目ひょう時間
⏱
20分

学習した日　　月　　日

名前

とく点

／100点

解説→176ページ

れい 59÷28を筆算でします。

```
        2
  28)   5 9
        5 6
          3
```

わる数の28を20とみます。

59÷20より、2と見当をつけます。

見当をつけた商の2を一のくらいにたてます。

59－28×2＝3より、

答えは2あまり3になります。

---

❶ 次のわり算を筆算でしましょう。　　　　1つ5点【40点】

(1)
```
20)63
```

(2)
```
10)47
```

(3)
```
11)59
```

(4)
```
12)47
```

(5)
```
31)69
```

(6)
```
11)75
```

(7)
```
30)91
```

(8)
```
28)59
```

---

❷ 次のわり算を筆算でしましょう。　　　　1つ5点【60点】

(1)
```
43)90
```

(2)
```
39)95
```

(3)
```
17)61
```

(4)
```
16)52
```

(5)
```
35)86
```

(6)
```
16)77
```

(7)
```
12)77
```

(8)
```
22)82
```

(9)
```
12)66
```

(10)
```
16)79
```

(11)
```
26)86
```

(12)
```
27)99
```

61 （2けた÷2けた）の筆算③

目ひょう時間 20分

学習した日　月　日　とく点　名前　/100点

61 解説→177ページ

① 次のわり算を筆算でしましょう。　1つ4点【40点】

(1) 45)82

(2) 15)60

(3) 41)92

(4) 36)46

(5) 24)64

(6) 19)69

(7) 13)66

(8) 34)81

(9) 14)56

(10) 30)75

② 次のわり算を筆算でしましょう。　1つ5点【60点】

(1) 26)68

(2) 38)72

(3) 13)54

(4) 23)84

(5) 32)65

(6) 15)76

(7) 29)73

(8) 12)96

(9) 47)82

(10) 17)67

(11) 24)94

(12) 16)84

61 （2けた÷2けた）の筆算③

学習した日	月	日	とく点
名前			/100点

61
解説→177ページ

❶ 次のわり算を筆算でしましょう。　1つ4点【40点】

(1)　45)82

(2)　15)60

(3)　41)92

(4)　36)46

(5)　24)64

(6)　19)69

(7)　13)66

(8)　34)81

(9)　14)56

(10)　30)75

❷ 次のわり算を筆算でしましょう。　1つ5点【60点】

(1)　26)68

(2)　38)72

(3)　13)54

(4)　23)84

(5)　32)65

(6)　15)76

(7)　29)73

(8)　12)96

(9)　47)82

(10)　17)67

(11)　24)94

(12)　16)84

目ひょう時間 **20分**

学習した日　　月　　日　　とく点

名前

／100点

 らくらくマルつけ

62
解説→177ページ

---

❶ 次のわり算を筆算でしましょう。　　　　　　1つ4点【40点】

(1)
$$48\overline{)54}$$

(2)
$$16\overline{)42}$$

(3)
$$21\overline{)72}$$

(4)
$$10\overline{)81}$$

(5)
$$22\overline{)88}$$

(6)
$$15\overline{)50}$$

(7)
$$42\overline{)64}$$

(8)
$$16\overline{)59}$$

(9)
$$38\overline{)95}$$

(10)
$$19\overline{)99}$$

---

❷ 次のわり算を筆算でしましょう。　　　　　　1つ5点【60点】

(1)
$$38\overline{)93}$$

(2)
$$14\overline{)78}$$

(3)
$$17\overline{)20}$$

(4)
$$27\overline{)84}$$

(5)
$$18\overline{)95}$$

(6)
$$22\overline{)98}$$

(7)
$$12\overline{)37}$$

(8)
$$41\overline{)96}$$

(9)
$$21\overline{)55}$$

(10)
$$16\overline{)42}$$

(11)
$$40\overline{)90}$$

(12)
$$23\overline{)72}$$

62 （2けた÷2けた）の筆算④

 目ひょう時間 **20**分

✎ 学習した日	月	日	とく点
名前			/100点

62
解説→177ページ

❶ 次のわり算を筆算でしましょう。　1つ4点【40点】

(1)
$48 \overline{)54}$

(2)
$16 \overline{)42}$

(3)
$21 \overline{)72}$

(4)
$10 \overline{)81}$

(5)
$22 \overline{)88}$

(6)
$15 \overline{)50}$

(7)
$42 \overline{)64}$

(8)
$16 \overline{)59}$

(9)
$38 \overline{)95}$

(10)
$19 \overline{)99}$

❷ 次のわり算を筆算でしましょう。　1つ5点【60点】

(1)
$38 \overline{)93}$

(2)
$14 \overline{)78}$

(3)
$17 \overline{)20}$

(4)
$27 \overline{)84}$

(5)
$18 \overline{)95}$

(6)
$22 \overline{)98}$

(7)
$12 \overline{)37}$

(8)
$41 \overline{)96}$

(9)
$21 \overline{)55}$

(10)
$16 \overline{)42}$

(11)
$40 \overline{)90}$

(12)
$23 \overline{)72}$

1 次のわり算を筆算でしましょう。　　1つ4点【40点】

(1)
28) 50

(2)
13) 29

(3)
31) 66

(4)
20) 34

(5)
44) 46

(6)
10) 48

(7)
27) 96

(8)
41) 70

(9)
24) 62

(10)
11) 28

2 次のわり算を筆算でしましょう。　　1つ5点【60点】

(1)
20) 90

(2)
43) 88

(3)
27) 47

(4)
18) 39

(5)
31) 74

(6)
13) 49

(7)
17) 64

(8)
24) 89

(9)
16) 97

(10)
29) 83

(11)
17) 57

(12)
29) 88

63 まとめのテスト⓫

目ひょう時間 ⏱ 20分

| 学習した日 | 月 | 日 | とく点 |
| 名前 | | | ／100点 |

63
解説→178ページ

❶ 次のわり算を筆算でしましょう。　　1つ4点【40点】

(1)　28)50

(2)　13)29

(3)　31)66

(4)　20)34

(5)　44)46

(6)　10)48

(7)　27)96

(8)　41)70

(9)　24)62

(10)　11)28

❷ 次のわり算を筆算でしましょう。　　1つ5点【60点】

(1)　20)90

(2)　43)88

(3)　27)47

(4)　18)39

(5)　31)74

(6)　13)49

(7)　17)64

(8)　24)89

(9)　16)97

(10)　29)83

(11)　17)57

(12)　29)88

れい　**735÷35を筆算でします。**

```
        2 1
  35)7 3 5
      7 0
        3 5
        3 5
          0
```

73÷35で、十のくらいに2をたてます。

73−35×2＝3

一のくらいの5をおろします。

35÷35で、一のくらいに1をたてます。

35−35×1＝0より、

答えは21になります。

---

❶ 次のわり算を筆算でしましょう。　　　1つ6点【36点】

(1)

```
32)1 2 8
```

(2)

```
48)2 4 0
```

(3)

```
35)1 0 5
```

(4)

```
47)3 2 9
```

(5)

```
38)1 9 0
```

(6)

```
39)2 3 4
```

---

❷ 次のわり算を筆算でしましょう。　　　1つ8点【64点】

(1)

```
44)6 6 0
```

(2)

```
19)2 8 5
```

(3)

```
40)5 6 0
```

(4)

```
13)3 2 5
```

(5)

```
19)3 8 0
```

(6)

```
22)5 5 0
```

(7)

```
46)5 0 6
```

(8)

```
12)3 1 2
```

64 （3けた÷2けた）の筆算①

目ひょう時間
⏱
20分

学習した日　　　月　　　日　　とく点

名前

／100点

64
解説→178ページ

れい　735÷35を筆算でします。

```
        2 1
  35 ) 7 3 5
      7 0
        3 5
        3 5
          0
```

73÷35で、十のくらいに2をたてます。

73−35×2＝3

一のくらいの5をおろします。

35÷35で、一のくらいに1をたてます。

35−35×1＝0より、

答えは21になります。

---

❶ 次のわり算を筆算でしましょう。　　1つ6点【36点】

(1)
```
32 ) 1 2 8
```

(2)
```
48 ) 2 4 0
```

(3)
```
35 ) 1 0 5
```

(4)
```
47 ) 3 2 9
```

(5)
```
38 ) 1 9 0
```

(6)
```
39 ) 2 3 4
```

---

❷ 次のわり算を筆算でしましょう。　　1つ8点【64点】

(1)
```
44 ) 6 6 0
```

(2)
```
19 ) 2 8 5
```

(3)
```
40 ) 5 6 0
```

(4)
```
13 ) 3 2 5
```

(5)
```
19 ) 3 8 0
```

(6)
```
22 ) 5 5 0
```

(7)
```
46 ) 5 0 6
```

(8)
```
12 ) 3 1 2
```

目ひょう時間
20分

学習した日　　月　　日　　とく点

名前

／100点

らくらく
マルつけ
65
解説→179ページ

れい　319÷12を筆算でします。

```
        26
   12)319
       24
       79
       72
        7
```

31÷12で、十のくらいに2をたてます。

31－12×2＝7

一のくらいの9をおろします。

79÷12で、一のくらいに6をたてます。

79－12×6＝7より、

答えは26あまり7になります。

---

❶ 次のわり算を筆算でしましょう。

1つ6点【36点】

(1)
```
35)115
```

(2)
```
16)149
```

(3)
```
26)109
```

(4)
```
40)265
```

(5)
```
39)399
```

(6)
```
44)919
```

---

❷ 次のわり算を筆算でしましょう。

1つ8点【64点】

(1)
```
11)820
```

(2)
```
21)236
```

(3)
```
13)334
```

(4)
```
29)447
```

(5)
```
41)506
```

(6)
```
16)379
```

(7)
```
43)834
```

(8)
```
22)385
```

65 （3けた÷2けた）の筆算②

目ひょう時間
20分

らくらく
マルつけ

学習した日　　月　　日　　とく点

名前

/100点

65
解説→179ページ

れい 319÷12を筆算でします。

```
        2 6
  12)3 1 9
      2 4
      7 9
      7 2
        7
```

31÷12で、十のくらいに2をたてます。

31－12×2＝7

一のくらいの9をおろします。

79÷12で、一のくらいに6をたてます。

79－12×6＝7より、

答えは26あまり7になります。

---

❶ 次のわり算を筆算でしましょう。　　　　1つ6点【36点】

(1)
```
35)1 1 5
```

(2)
```
16)1 4 9
```

(3)
```
26)1 0 9
```

(4)
```
40)2 6 5
```

(5)
```
39)3 9 9
```

(6)
```
44)9 1 9
```

---

❷ 次のわり算を筆算でしましょう。　　　　1つ8点【64点】

(1)
```
11)8 2 0
```

(2)
```
21)2 3 6
```

(3)
```
13)3 3 4
```

(4)
```
29)4 4 7
```

(5)
```
41)5 0 6
```

(6)
```
16)3 7 9
```

(7)
```
43)8 3 4
```

(8)
```
22)3 8 5
```

66 （3けた÷2けた）の筆算③

目ひょう時間 **20**分

学習した日　　　月　　　日

名前

とく点　／100点

66
解説→179ページ

---

① 次のわり算を筆算でしましょう。　　　1つ4点【36点】

(1)
$$44\overline{)525}$$

(2)
$$13\overline{)130}$$

(3)
$$21\overline{)482}$$

(4)
$$28\overline{)884}$$

(5)
$$47\overline{)301}$$

(6)
$$38\overline{)548}$$

(7)
$$20\overline{)603}$$

(8)
$$48\overline{)365}$$

(9)
$$10\overline{)318}$$

② 次のわり算を筆算でしましょう。　　　1つ8点【64点】

(1)
$$18\overline{)871}$$

(2)
$$22\overline{)769}$$

(3)
$$49\overline{)294}$$

(4)
$$23\overline{)370}$$

(5)
$$46\overline{)800}$$

(6)
$$38\overline{)325}$$

(7)
$$21\overline{)996}$$

(8)
$$40\overline{)507}$$

66 （3けた ÷ 2けた）の筆算③

学習した日	月	日	とく点
名前			/100点

解説→179ページ

❶ 次のわり算を筆算でしましょう。　　　　1つ4点【36点】

(1)
$$44 \overline{)525}$$

(2)
$$13 \overline{)130}$$

(3)
$$21 \overline{)482}$$

(4)
$$28 \overline{)884}$$

(5)
$$47 \overline{)301}$$

(6)
$$38 \overline{)548}$$

(7)
$$20 \overline{)603}$$

(8)
$$48 \overline{)365}$$

(9)
$$10 \overline{)318}$$

❷ 次のわり算を筆算でしましょう。　　　　1つ8点【64点】

(1)
$$18 \overline{)871}$$

(2)
$$22 \overline{)769}$$

(3)
$$49 \overline{)294}$$

(4)
$$23 \overline{)370}$$

(5)
$$46 \overline{)800}$$

(6)
$$38 \overline{)325}$$

(7)
$$21 \overline{)996}$$

(8)
$$40 \overline{)507}$$

（3けた ÷ 3けた）の筆算

 目ひょう時間
⏱ 20分

🖉 学習した日　　月　　日

名前

とく点
／100点

67
解説→180ページ

れい 570÷234を筆算でします。

```
        2
234)  5 7 0
      4 6 8
      1 0 2
```

わる数の234を200とみます。

570÷200より、2と見当をつけます。

570−234×2＝102より、

答えは2あまり102です。

---

① 次のわり算を筆算でしましょう。　　　　1つ10点【60点】

(1)
```
109)546
```

(2)
```
274)755
```

(3)
```
123)383
```

(4)
```
293)648
```

(5)
```
161)384
```

(6)
```
252)820
```

② 次のわり算を筆算でしましょう。　　　　1つ5点【40点】

(1)
```
279)790
```

(2)
```
174)537
```

(3)
```
114)878
```

(4)
```
294)801
```

(5)
```
125)750
```

(6)
```
285)938
```

(7)
```
120)770
```

(8)
```
211)936
```

67 （3けた÷3けた）の筆算

目ひょう時間
⏱
20分

学習した日　　　月　　　日　｜　とく点

名前

／100点

67
解説→180ページ

れい 570÷234を筆算でします。

```
           2
  234)  5 7 0
       4 6 8
       1 0 2
```

わる数の234を200とみます。
570÷200より、2と見当をつけます。
570−234×2＝102より、
答えは2あまり102です。

---

❶ 次のわり算を筆算でしましょう。　　　　1つ10点【60点】

(1)
109)546

(2)
274)755

(3)
123)383

(4)
293)648

(5)
161)384

(6)
252)820

---

❷ 次のわり算を筆算でしましょう。　　　　1つ5点【40点】

(1)
279)790

(2)
174)537

(3)
114)878

(4)
294)801

(5)
125)750

(6)
285)938

(7)
120)770

(8)
211)936

1 次のわり算を筆算でしましょう。

1つ4点【36点】

(1)

3)37

(2)

2)56

(3)

6)81

(4)

3)76

(5)

7)348

(6)

9)334

(7)

2)291

(8)

4)542

(9)

8)939

2 次のわり算を筆算でしましょう。

1つ8点【64点】

(1)

11)84

(2)

36)99

(3)

14)82

(4)

32)940

(5)

35)246

(6)

47)675

(7)

213)432

(8)

120)712

68 3けたまでのわり算の筆算

目ひょう時間 ⏱ 20分

学習した日　　　月　　　日

名前

とく点　　／100点

68
解説→180ページ

---

❶ 次のわり算を筆算でしましょう。　　　1つ4点【36点】

(1)
3)37

(2)
2)56

(3)
6)81

(4)
3)76

(5)
7)348

(6)
9)334

(7)
2)291

(8)
4)542

(9)
8)939

---

❷ 次のわり算を筆算でしましょう。　　　1つ8点【64点】

(1)
11)84

(2)
36)99

(3)
14)82

(4)
32)940

(5)
35)246

(6)
47)675

(7)
213)432

(8)
120)712

① 次のわり算を筆算でしましょう。

1つ4点【36点】

(1)
16）144

(2)
43）239

(3)
34）132

(4)
45）180

(5)
37）296

(6)
27）254

(7)
12）336

(8)
44）731

(9)
19）271

② 次のわり算を筆算でしましょう。

1つ8点【64点】

(1)
12）769

(2)
28）420

(3)
48）768

(4)
38）985

(5)
28）578

(6)
166）693

(7)
153）326

(8)
238）714

69 まとめのテスト⑫

目ひょう時間 ⏱ 20分

✎ 学習した日　　　月　　　日

名前

とく点　　／100点

らくらくマルつけ

69
解説→181ページ

❶ 次のわり算を筆算でしましょう。

1つ4点【36点】

(1)

16〕144

(2)

43〕239

(3)

34〕132

(4)

45〕180

(5)

37〕296

(6)

27〕254

(7)

12〕336

(8)

44〕731

(9)

19〕271

❷ 次のわり算を筆算でしましょう。

1つ8点【64点】

(1)

12〕769

(2)

28〕420

(3)

48〕768

(4)

38〕985

(5)

28〕578

(6)

166〕693

(7)

153〕326

(8)

238〕714

目ひょう時間 ⏱ **20分**

✏ 学習した日　　　月　　　日

名前

とく点　　／100点

 らくらくマルつけ

70 解説→181ページ

れい 8000÷600を筆算でします。

```
        1 3
600)8 0 0 0
      6
      2 0
      1 8
        2 0 0
```

わられる数とわる数の0を2つずつ消してから計算します。

80÷6＝13あまり2となり

消した数だけあまりに0をつけます。

答えは13あまり200です。

---

① 次のわり算を筆算でしましょう。

1つ6点【36点】

(1)　30)240

(2)　90)280

(3)　80)750

(4)　70)860

(5)　20)600

(6)　50)950

---

② 次のわり算を筆算でしましょう。

1つ8点【64点】

(1)　50)4700

(2)　40)1400

(3)　900)4500

(4)　400)3900

(5)　900)5400

(6)　700)3900

(7)　900)18000

(8)　500)21000

70 わり算の筆算のくふう

目ひょう時間 ⏱ **20分**

学習した日　　　月　　　日

名前

とく点　　／100点

解説→181ページ

れい 8000÷600を筆算でします。

```
        1 3
6 0 0 ) 8 0 0 0
        6
        2 0
        1 8
        2 0 0
```

わられる数とわる数の0を2つずつ消してから計算します。

80÷6＝13あまり2となり

消した数だけあまりに0をつけます。

答えは13あまり200です。

---

❶ 次のわり算を筆算でしましょう。　　　　1つ6点【36点】

(1)　30)240

(2)　90)280

(3)　80)750

(4)　70)860

(5)　20)600

(6)　50)950

---

❷ 次のわり算を筆算でしましょう。　　　　1つ8点【64点】

(1)　50)4700

(2)　40)1400

(3)　900)4500

(4)　400)3900

(5)　900)5400

(6)　700)3900

(7)　900)18000

(8)　500)21000

目ひょう時間 ⏱ 20分

学習した日　　　月　　　日

名前

とく点 ／100点

71
解説→182ページ

れい 四捨五入して上から1けたのがい数にして、積や商を見積もります。

232×576→200×600＝120000

232は上から2けた目の十のくらい3を四捨五入して200

576は上から2けた目の十のくらい7を四捨五入して600

2944÷52→3000÷50＝300÷5＝60

2944は上から2けた目の百のくらい9を四捨五入して3000

52は上から2けた目の一のくらい2を四捨五入して50

❶ 四捨五入して上から1けたのがい数にして、積を見積もりましょう。

1つ8点【40点】

(1) 58×41

（　　　　　　）

(2) 97×67

（　　　　　　）

(3) 613×24

（　　　　　　）

(4) 241×79

（　　　　　　）

(5) 583×314

（　　　　　　）

 ❷ 四捨五入して上から1けたのがい数にして、積や商を見積もりましょう。

1つ6点【60点】

(1) 792×881

（　　　　　　）

(2) 4672×497

（　　　　　　）

(3) 773÷41

（　　　　　　）

(4) 933÷27

（　　　　　　）

(5) 610÷16

（　　　　　　）

(6) 7863÷18

（　　　　　　）

(7) 7301÷69

（　　　　　　）

(8) 4322÷47

（　　　　　　）

(9) 36821÷219

（　　　　　　）

(10) 84224÷175

（　　　　　　）

71 **およその数のかけ算・わり算**

目ひょう時間 ⏱ **20分**

学習した日　　　月　　　日

名前

とく点　／100点

71
解説→182ページ

れい 四捨五入して上から1けたのがい数にして、積や商を見積もります。

232×576➡200×600＝120000

232は上から2けた目の十のくらい3を四捨五入して200

576は上から2けた目の十のくらい7を四捨五入して600

2944÷52➡3000÷50－300÷5＝60

2944は上から2けた目の百のくらい9を四捨五入して3000

52は上から2けた目の一のくらい2を四捨五入して50

❶ 四捨五入して上から1けたのがい数にして、積を見積もりましょう。

1つ8点【40点】

(1) 58×41

(　　　　　)

(2) 97×67

(　　　　　)

(3) 613×24

(　　　　　)

(4) 241×79

(　　　　　)

(5) 583×314

(　　　　　)

❷ 四捨五入して上から1けたのがい数にして、積や商を見積もりましょう。

1つ6点【60点】

(1) 792×881

(　　　　　)

(2) 4672×497

(　　　　　)

(3) 773÷41

(　　　　　)

(4) 933÷27

(　　　　　)

(5) 610÷16

(　　　　　)

(6) 7863÷18

(　　　　　)

(7) 7301÷69

(　　　　　)

(8) 4322÷47

(　　　　　)

(9) 36821÷219

(　　　　　)

(10) 84224÷175

(　　　　　)

日ひょう時間
⏱ 20分

学習した日　　　月　　　日

名前

とく点

／100点

72
解説→182ページ

れい　5万×3万を計算します。

5万×3万＝15億 ← |１万×１万＝１億|

5万（０が４こ）×3万（０が４こ）より、5×3の答えに０を4＋4＝8（こ）つけます。

---

1 次の計算をしましょう。　　　1つ5点【40点】

(1) 7万＋3万＝

(2) 500万＋300万＝

(3) 8億＋4億＝

(4) 630億＋50億＝

(5) 10万－2万＝

(6) 300万－200万＝

(7) 12億－8億＝

(8) 700億－300億＝

---

2 次の計算をしましょう。　　　1つ5点【60点】

(1) 7万×10＝

(2) 3億×100＝

(3) 800万÷10＝

(4) 9000億÷10＝

(5) 5万×8＝

(6) 7×9億＝

(7) 4兆×5＝

(8) 51×3兆＝

(9) 12万×4万＝

(10) 39万×4万＝

(11) 2億×4万＝

(12) 60万×41億＝

72 大きな数の計算
かず　けいさん

解説→182ページ

目ひょう時間 ⏱ 20分

学習した日　　月　　日

名前

とく点　／100点

72
解説→182ページ

れい 5万×3万を計算します。
まん　けいさん

$$5万×3万=15億 \longleftarrow \boxed{1万×1万=1億}$$
おく

5万（0が4こ）×3万（0が4こ）より、5×3の答えに0
を4+4=8（こ）つけます。

---

① 次の計算をしましょう。
つぎ

1つ5点【40点】

(1) 7万+3万=

(2) 500万+300万=

(3) 8億+4億=

(4) 630億+50億=

(5) 10万-2万=

(6) 300万-200万=

(7) 12億-8億=

(8) 700億-300億=

---

② 次の計算をしましょう。

1つ5点【60点】

(1) 7万×10=

(2) 3億×100=

(3) 800万÷10=

(4) 9000億÷10=

(5) 5万×8=

(6) 7×9億=

(7) 4兆×5=
ちょう

(8) 51×3兆=

(9) 12万×4万=

(10) 39万×4万=

(11) 2億×4万=

(12) 60万×41億=

けいさん

目ひょう時間 🕐 20分

学習した日　　月　　日

名前

とく点　／100点

73
解説→182ページ

らくらく
マルつけ

れい　次の計算をします。

$$9 \times 8 - 16 \div 8 = 72 - 2 = 70$$
　　　①　　　②　　　③

ふつうは、左からじゅんに計算します。
式の中のかけ算やわり算は、たし算やひき算より先に計算します。

1 次の計算をしましょう。

1つ5点【30点】

(1)　$14 + 9 \times 7 =$

(2)　$84 - 6 \times 3 =$

(3)　$5 + 35 \div 5 =$

(4)　$80 - 32 \div 4 =$

(5)　$99 + 14 \times 3 =$

(6)　$68 - 75 \div 5 =$

2 次の計算をしましょう。

1つ7点【70点】

(1)　$6 \times 3 - 14 \div 7 =$

(2)　$63 \div 9 + 8 \times 2 =$

(3)　$64 \div 4 - 4 \times 3 =$

(4)　$30 \div 6 + 56 \div 8 =$

(5)　$80 \div 8 + 6 \times 5 =$

(6)　$45 \times 2 - 57 \div 3 =$

(7)　$10 + 81 \div 3 \div 9 =$

(8)　$77 - 5 \times 6 \div 10 =$

(9)　$96 - 12 \times 8 \div 6 =$

(10)　$468 \div 6 + 34 \times 7 =$

73 計算のじゅんじょ①

目ひょう時間 ⏱ 20分

学習した日　　　月　　　日　　名前

とく点 ／100点

73
解説→182ページ

れい 次の計算をします。

$$\underline{9 \times 8}_① - \underline{16 \div 8}_② = \underline{72 - 2}_③ = 70$$

ふつうは、左からじゅんに計算します。
式の中のかけ算やわり算は、たし算やひき算より先に計算します。

---

❶ 次の計算をしましょう。　　1つ5点【30点】

(1) $14 + 9 \times 7 =$

(2) $84 - 6 \times 3 =$

(3) $5 + 35 \div 5 =$

(4) $80 - 32 \div 4 =$

(5) $99 + 14 \times 3 =$

(6) $68 - 75 \div 5 =$

❷ 次の計算をしましょう。　　1つ7点【70点】

(1) $6 \times 3 - 14 \div 7 =$

(2) $63 \div 9 + 8 \times 2 =$

(3) $64 \div 4 - 4 \times 3 =$

(4) $30 \div 6 + 56 \div 8 =$

(5) $80 \div 8 + 6 \times 5 =$

(6) $45 \times 2 - 57 \div 3 =$

(7) $10 + 81 \div 3 \div 9 =$

(8) $77 - 5 \times 6 \div 10 =$

(9) $96 - 12 \times 8 \div 6 =$

(10) $468 \div 6 + 34 \times 7 =$

れい 次の計算をします。

$$21-(32÷8+5)=21-(4+5)=21-9=12$$
　　　　　　①　　　　　　　　②　　　　③

ふつうは、左からじゅんに計算します。

（　）のある式は、（　）の中を先に計算します。

式の中のかけ算やわり算は、たし算やひき算より先に計算します。

❶ 次の計算をしましょう。　　　　　1つ5点【30点】

(1) $(24-7)×3=$

(2) $(60+6)÷6=$

(3) $(51-17)÷17=$

(4) $(13-7)×23=$

(5) $4×(9+11)=$

(6) $28÷(15-11)=$

❷ 次の計算をしましょう。　　　　　1つ7点【70点】

(1) $5+(2×3+1)=$

(2) $31-(4+18÷3)=$

(3) $29-(77÷7+2×4)=$

(4) $10+(5×4-81÷9)=$

(5) $(35-12)×(15-8)=$

(6) $(12×8)÷(18+6)=$

(7) $(25×4-16)÷3=$

(8) $(62-4×11)×17=$

(9) $(23-7×2)×(8-6)=$

(10) $(18+32÷4)-(15-4×2)=$

74 計算のじゅんじょ②

目ひょう時間
⏱ **20分**

✎ 学習した日　　　月　　　日

名前

とく点

／100点

解説→183ページ

らくらくマルつけ
74

れい 次の計算をします。

$$21-(32\div8+5)=21-(4+5)=21-9=12$$
①　　　　　　　　　　②　　　　③

ふつうは、左からじゅんに計算します。

（　）のある式は、（　）の中を先に計算します。

式の中のかけ算やわり算は、たし算やひき算より先に計算します。

---

❶ 次の計算をしましょう。

1つ5点【30点】

(1)　$(24-7)\times3=$

(2)　$(60+6)\div6=$

(3)　$(51-17)\div17=$

(4)　$(13-7)\times23=$

(5)　$4\times(9+11)=$

(6)　$28\div(15-11)=$

❷ 次の計算をしましょう。

1つ7点【70点】

(1)　$5+(2\times3+1)=$

(2)　$31-(4+18\div3)=$

(3)　$29-(77\div7+2\times4)=$

(4)　$10+(5\times4-81\div9)=$

(5)　$(35-12)\times(15-8)=$

(6)　$(12\times8)\div(18+6)=$

(7)　$(25\times4-16)\div3=$

(8)　$(62-4\times11)\times17=$

(9)　$(23-7\times2)\times(8-6)=$

(10)　$(18+32\div4)-(15-4\times2)=$

けいさん

目ひょう時間 ⏱ **20**分

✎学習した日　　　月　　　日

名前

とく点　　　／100点

75
解説→183ページ

❶ 次の計算をしましょう。　　　　　　1つ5点【50点】

つぎ　けいさん

(1)　(21+18)÷3＝

(2)　28−8×3＝

(3)　(25−15)×5＝

(4)　43+(7+3×3)＝

(5)　41+10÷2＝

(6)　(48÷8)×(5+7)＝

(7)　12×3−30÷2＝

(8)　23−90÷10÷3＝

(9)　19−(25÷5+7)＝

(10)　74−(3×8+2×2)＝

❷ 次の計算をしましょう。　　　　　　1つ5点【50点】

(1)　23−5×3＝

(2)　9×4+2×7＝

(3)　5×(18÷2−3)＝

(4)　96÷8+56÷2＝

(5)　5×9−56÷4＝

(6)　(65−5×9)÷(8×2−11)＝

(7)　3+16×6÷12＝

(8)　(48−33)×51＝

(9)　3×(56÷8−52÷13)＝

(10)　74×8−129÷43＝

75 計算のじゅんじょ③

目ひょう時間 ⏱ 20分

学習した日　　月　　日

名前

とく点

／100点

75
解説→183ページ

❶ 次の計算をしましょう。　1つ5点【50点】

(1) $(21+18)\div3=$

(2) $28-8\times3=$

(3) $(25-15)\times5=$

(4) $43+(7+3\times3)=$

(5) $41+10\div2=$

(6) $(48\div8)\times(5+7)=$

(7) $12\times3-30\div2=$

(8) $23-90\div10\div3=$

(9) $19-(25\div5+7)=$

(10) $74-(3\times8+2\times2)=$

❷ 次の計算をしましょう。　1つ5点【50点】

(1) $23-5\times3=$

(2) $9\times4+2\times7=$

(3) $5\times(18\div2-3)=$

(4) $96\div8+56\div2=$

(5) $5\times9-56\div4=$

(6) $(65-5\times9)\div(8\times2-11)=$

(7) $3+16\times6\div12=$

(8) $(48-33)\times51=$

(9) $3\times(56\div8-52\div13)=$

(10) $74\times8-129\div43=$

76 まとめのテスト⑬

目ひょう時間 ⏱ 20分

✍ 学習した日　　月　　日

名前

とく点

／100点

76
解説→184ページ

❶ 次のわり算を筆算でしましょう。　　　　1つ8点【24点】

(1)
$$30 \overline{)790}$$

(2)
$$40 \overline{)2600}$$

(3)
$$400 \overline{)2200}$$

❷ 次の計算をしましょう。　　　　1つ6点【36点】

(1) $19 - 6 \times 3 =$

(2) $74 + 26 \div 2 =$

(3) $2 \times 9 - 40 \div 8 =$

(4) $9 \times 9 - 4 \times 4 =$

(5) $16 \times 5 - 36 \div 3 =$

(6) $24 \div 2 + 8 \times 7 =$

❸ 次の計算をしましょう。　　　　1つ4点【40点】

(1) $52 - 32 \times 2 \div 8 =$

(2) $432 \div 72 + 5 \times 22 =$

(3) $(4 \times 8 - 11) \div 3 =$

(4) $(44 - 21) \times 7 =$

(5) $(5 \times 5 + 9 \times 5) \div 14 =$

(6) $(12 \times 3 - 2) \times 7 =$

(7) $36 \div (4 \times 5 - 2) =$

(8) $(8 \times 3) - (105 \div 5 \div 7) =$

(9) $(2 \times 7) + (5 \times 7 - 22) =$

(10) $(31 + 5 \times 10) \div (2 + 5 \times 5) =$

76 まとめのテスト⓭

目ひょう時間 **20分**

学習した日　　月　　日

名前

とく点　　/100点

76
解説→184ページ

❶ 次のわり算を筆算でしましょう。　　1つ8点【24点】

(1)
$$30\overline{)790}$$

(2)
$$40\overline{)2600}$$

(3)
$$400\overline{)2200}$$

❷ 次の計算をしましょう。　　1つ6点【36点】

(1)　$19-6\times3=$

(2)　$74+26\div2=$

(3)　$2\times9-40\div8=$

(4)　$9\times9-4\times4=$

(5)　$16\times5-36\div3=$

(6)　$24\div2+8\times7=$

❸ 次の計算をしましょう。　　1つ4点【40点】

(1)　$52-32\times2\div8=$

(2)　$432\div72+5\times22=$

(3)　$(4\times8-11)\div3=$

(4)　$(44-21)\times7=$

(5)　$(5\times5+9\times5)\div14=$

(6)　$(12\times3-2)\times7=$

(7)　$36\div(4\times5-2)=$

(8)　$(8\times3)-(105\div5\div7)=$

(9)　$(2\times7)+(5\times7-22)=$

(10)　$(31+5\times10)\div(2+5\times5)=$

77 パズル④

① 次の□に ＋、－、×、÷ のいずれかの記号を入れて、答えのようになる式をつくります。それぞれ□にあてはまる記号を答えましょう。

1つ10点【60点】

(1) $27 \square (4+5) = 3$

(　　　　)

(2) $(12+6) \square 3 = 54$

(　　　　)

(3) $2 \times 4 \square (5 \div 5) = 9$

(　　　　)

(4) $(6 \square 4) \times 8 = 16$

(　　　　)

(5) $(8-2)+(3 \square 10) = 36$

(　　　　)

(6) $(2 \times 4 \square 5)+6 \times 11 = 79$

(　　　　)

② 次の□にあてはまる数を答えましょう。

1つ8点【40点】

(1) $(4 \times 6 - 7) \times \square = 34$

(　　　　)

(2) $\square \times 8 - (8+2) = 62$

(　　　　)

(3) $\square \div 5 - 8 = 3$

(　　　　)

(4) $6 + \square - 30 \div 3 = 3$

(　　　　)

(5) $81 - 5 \times 2 \times \square = 41$

(　　　　)

77 パズル④

目ひょう時間
⏱
20分

✏ 学習した日　　　月　　　日

名前

とく点

／100点

77
解説→184ページ

❶ 次の□に ＋、－、×、÷ のいずれかの記号を入れて、答えのようになる式をつくります。それぞれ□にあてはまる記号を答えましょう。

1つ10点【60点】

(1) $27\,\square\,(4+5)=3$

(　　　　)

(2) $(12+6)\,\square\,3=54$

(　　　　)

(3) $2\times4\,\square\,(5\div5)=9$

(　　　　)

(4) $(6\,\square\,4)\times8=16$

(　　　　)

(5) $(8-2)+(3\,\square\,10)=36$

(　　　　)

(6) $(2\times4\,\square\,5)+6\times11=79$

(　　　　)

❷ 次の□にあてはまる数を答えましょう。

1つ8点【40点】

(1) $(4\times6-7)\times\square=34$

(　　　　)

(2) $\square\times8-(8+2)=62$

(　　　　)

(3) $\square\div5-8=3$

(　　　　)

(4) $6+\square-30\div3=3$

(　　　　)

(5) $81-5\times2\times\square=41$

(　　　　)

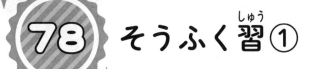

❶ 次のかけ算を計算しましょう。　1つ2点【28点】

(1) $2 \times 4 =$

(2) $3 \times 3 =$

(3) $1 \times 8 =$

(4) $5 \times 7 =$

(5) $4 \times 6 =$

(6) $7 \times 9 =$

(7) $10 \times 2 =$

(8) $8 \times 3 =$

(9) $9 \times 6 =$

(10) $6 \times 3 =$

(11) $10 \times 6 =$

(12) $4 \times 4 =$

(13) $9 \times 8 =$

(14) $7 \times 1 =$

❷ 次の□にあてはまる数を答えましょう。　1つ6点【30点】

(1) $15 \times 8 + 15 \times 2 = 15 \times \square$

（　　　）

(2) $17 \times 12 + 17 \times 8 = 17 \times \square$

（　　　）

(3) $18 \times 48 + 18 \times 52 = 18 \times \square$

（　　　）

(4) $6 \times \square = 24$

（　　　）

(5) $\square \times 8 = 48$

（　　　）

❸ 次のわり算を計算しましょう。　1つ3点【42点】

(1) $56 \div 7 =$

(2) $27 \div 9 =$

(3) $72 \div 8 =$

(4) $42 \div 6 =$

(5) $12 \div 4 =$

(6) $12 \div 2 =$

(7) $8 \div 1 =$

(8) $10 \div 5 =$

(9) $18 \div 3 =$

(10) $14 \div 7 =$

(11) $24 \div 6 =$

(12) $45 \div 5 =$

(13) $20 \div 4 =$

(14) $56 \div 8 =$

78 そうふく習①

✎ 学習した日	月	日	とく点
名前			／100点

78
解説→185ページ

---

❶ 次のかけ算を計算しましょう。　　1つ2点【28点】

(1) $2 \times 4 =$ 　　(2) $3 \times 3 =$

(3) $1 \times 8 =$ 　　(4) $5 \times 7 =$

(5) $4 \times 6 =$ 　　(6) $7 \times 9 =$

(7) $10 \times 2 =$ 　　(8) $8 \times 3 =$

(9) $9 \times 6 =$ 　　(10) $6 \times 3 =$

(11) $10 \times 6 =$ 　　(12) $4 \times 4 =$

(13) $9 \times 8 =$ 　　(14) $7 \times 1 =$

❷ 次の□にあてはまる数を答えましょう。　　1つ6点【30点】

(1) $15 \times 8 + 15 \times 2 = 15 \times \square$

（　　　）

(2) $17 \times 12 + 17 \times 8 = 17 \times \square$

（　　　）

---

(3) $18 \times 48 + 18 \times 52 = 18 \times \square$

（　　　）

(4) $6 \times \square = 24$

（　　　）

(5) $\square \times 8 = 48$

（　　　）

❸ 次のわり算を計算しましょう。　　1つ3点【42点】

(1) $56 \div 7 =$ 　　(2) $27 \div 9 =$

(3) $72 \div 8 =$ 　　(4) $42 \div 6 =$

(5) $12 \div 4 =$ 　　(6) $12 \div 2 =$

(7) $8 \div 1 =$ 　　(8) $10 \div 5 =$

(9) $18 \div 3 =$ 　　(10) $14 \div 7 =$

(11) $24 \div 6 =$ 　　(12) $45 \div 5 =$

(13) $20 \div 4 =$ 　　(14) $56 \div 8 =$

79 そうふく習②

学習した日　　月　　日　　とく点

名前

／100点

79
解説→185ページ

❶ 次のわり算を計算しましょう。　　1つ4点【16点】

(1) $71 \div 9 =$

(2) $15 \div 4 =$

(3) $26 \div 7 =$

(4) $34 \div 6 =$

❷ 次のわり算を筆算でしましょう。　　1つ4点【24点】

(1)

$6\overline{)65}$

(2)

$4\overline{)94}$

(3)

$2\overline{)77}$

(4)

$4\overline{)84}$

(5)

$8\overline{)95}$

(6)

$7\overline{)98}$

❸ 次のかけ算を筆算でしましょう。　　1つ5点【60点】

(1)
```
   1 6
 ×   7
```

(2)
```
   2 3
 ×   6
```

(3)
```
   9 1
 ×   3
```

(4)
```
   5 3
 ×   9
```

(5)
```
   6 1 6
 ×     7
```

(6)
```
   7 4 1
 ×     8
```

(7)
```
   2 9
 × 1 7
```

(8)
```
   3 4
 × 2 2
```

(9)
```
   3 1
 × 7 5
```

(10)
```
   8 6
 × 5 4
```

(11)
```
   6 0 7
 ×   5 3
```

(12)
```
   8 1 3
 ×   4 1
```

79 そうふく習②

✎ 学習した日	月	日	とく点
名前			/100点

79
解説→185ページ

❶ 次のわり算を計算しましょう。　　　1つ4点【16点】

(1) $71 \div 9 =$　　　(2) $15 \div 4 =$

(3) $26 \div 7 =$　　　(4) $34 \div 6 =$

❷ 次のわり算を筆算でしましょう。　　　1つ4点【24点】

(1)
$$6 \overline{)65}$$

(2)
$$4 \overline{)94}$$

(3)
$$2 \overline{)77}$$

(4)
$$4 \overline{)84}$$

(5)
$$8 \overline{)95}$$

(6)
$$7 \overline{)98}$$

❸ 次のかけ算を筆算でしましょう。　　　1つ5点【60点】

(1)
$$\begin{array}{r} 16 \\ \times\ 7 \\ \hline \end{array}$$

(2)
$$\begin{array}{r} 23 \\ \times\ 6 \\ \hline \end{array}$$

(3)
$$\begin{array}{r} 91 \\ \times\ 3 \\ \hline \end{array}$$

(4)
$$\begin{array}{r} 53 \\ \times\ 9 \\ \hline \end{array}$$

(5)
$$\begin{array}{r} 616 \\ \times\ \ \ 7 \\ \hline \end{array}$$

(6)
$$\begin{array}{r} 741 \\ \times\ \ \ 8 \\ \hline \end{array}$$

(7)
$$\begin{array}{r} 29 \\ \times 17 \\ \hline \end{array}$$

(8)
$$\begin{array}{r} 34 \\ \times 22 \\ \hline \end{array}$$

(9)
$$\begin{array}{r} 31 \\ \times 75 \\ \hline \end{array}$$

(10)
$$\begin{array}{r} 86 \\ \times 54 \\ \hline \end{array}$$

(11)
$$\begin{array}{r} 607 \\ \times\ \ 53 \\ \hline \end{array}$$

(12)
$$\begin{array}{r} 813 \\ \times\ \ 41 \\ \hline \end{array}$$

80 そうふく習③

❶ 次のわり算を筆算でしましょう。　　1つ5点【45点】

(1)
$$7) \overline{870}$$

(2)
$$6) \overline{948}$$

(3)
$$3) \overline{754}$$

(4)
$$23) \overline{59}$$

(5)
$$40) \overline{94}$$

(6)
$$15) \overline{81}$$

(7)
$$19) \overline{85}$$

(8)
$$32) \overline{96}$$

(9)
$$11) \overline{86}$$

❷ 次のわり算を筆算でしましょう。　　1つ7点【35点】

(1)
$$23) \overline{520}$$

(2)
$$71) \overline{361}$$

(3)
$$27) \overline{449}$$

(4)
$$418) \overline{917}$$

(5)
$$600) \overline{4500}$$

❸ 次の計算をしましょう。　　1つ5点【20点】

(1) $16+3×4=$

(2) $9÷9+7×2=$

(3) $92-(61-2×4)=$

(4) $(57-3×8)÷(7-4)=$

80 そうふく習③

目ひょう時間
20分

学習した日　　　　月　　　日	とく点
名前	／100点

80
解説→186ページ

❶ 次のわり算を筆算でしましょう。　　　　　1つ5点【45点】

(1)

7)870

(2)

6)948

(3)

3)754

(4)

23)59

(5)

40)94

(6)

15)81

(7)

19)85

(8)

32)96

(9)

11)86

❷ 次のわり算を筆算でしましょう。　　　　　1つ7点【35点】

(1)

23)520

(2)

71)361

(3)

27)449

(4)

418)917

(5)

600)4500

❸ 次の計算をしましょう。　　　　　1つ5点【20点】

(1)　16＋3×4＝

(2)　9÷9＋7×2＝

(3)　92−(61−2×4)＝

(4)　(57−3×8)÷(7−4)＝

学年縦断ギガドリル　かけ算・わり算

答え

わからなかった問題は、◁》 **ポイント**の解説を
よく読んで、確認してください。

1 かけ算の意味　　　3ページ

❶ (1)7×2　　(2)2×2　　(3)3×3
(4)9×3　　(5)1×4　　(6)8×4
(7)6×5　　(8)5×6　　(9)4×7
(10)8×9

❷ (1)9+9　　(2)8+8　　(3)6+6+6
(4)1+1+1　　　　　(5)5+5+5+5
(6)3+3+3+3
(7)2+2+2+2+2
(8)7+7+7+7+7+7

◁》 **ポイント**

❶(1)7+7は7が2つ分なので、かけ算で表すと、
7×2になります。

❷(3)6×3は6が3つ分なので、たし算で表すと、
6+6+6になります。

2 2のだんの九九　　　5ページ

❶ (1)2　　(2)4　　(3)6　　(4)8
(5)10　　(6)12　　(7)14　　(8)16
(9)18

❷ (1)18　　(2)16　　(3)14　　(4)12
(5)10　　(6)8　　(7)6　　(8)4

❸ (1)6　　(2)2　　(3)10　　(4)12
(5)18　　(6)14　　(7)4　　(8)8
(9)16　　(10)6　　(11)14　　(12)16
(13)12　　(14)2　　(15)4　　(16)10
(17)18　　(18)8　　(19)16　　(20)12
(21)14　　(22)18

◁》 **ポイント**

❶❷2の段の九九を覚えさせましょう。
❸2の段の九九を使います。

3 5のだんの九九　　　7ページ

❶ (1)5　　(2)10　　(3)15　　(4)20
(5)25　　(6)30　　(7)35　　(8)40
(9)45

❷ (1)45　　(2)40　　(3)35　　(4)30
(5)25　　(6)20　　(7)15　　(8)10

❸ (1)10　　(2)35　　(3)15　　(4)20
(5)30　　(6)40　　(7)45　　(8)25
(9)5　　(10)35　　(11)10　　(12)25
(13)20　　(14)30　　(15)45　　(16)40
(17)15　　(18)5　　(19)45　　(20)20
(21)35　　(22)30

◁》 **ポイント**

❶❷5の段の九九を覚えさせましょう。
❸5の段の九九を使います。

4 3のだんの九九　　　9ページ

❶ (1)3　　(2)6　　(3)9　　(4)12
(5)15　　(6)18　　(7)21　　(8)24
(9)27

❷ (1)27　　(2)24　　(3)21　　(4)18
(5)15　　(6)12　　(7)9　　(8)6

❸ (1)15　　(2)24　　(3)12　　(4)27
(5)21　　(6)6　　(7)18　　(8)9
(9)3　　(10)24　　(11)9　　(12)12
(13)27　　(14)6　　(15)15　　(16)3
(17)21　　(18)18　　(19)27　　(20)24
(21)18　　(22)21

◁》 **ポイント**

❶❷3の段の九九を覚えさせましょう。
❸3の段の九九を使います。

5 4のだんの九九　　　11ページ

❶ (1)4　　(2)8　　(3)12　　(4)16
(5)20　　(6)24　　(7)28　　(8)32
(9)36

❷ (1)36　　(2)32　　(3)28　　(4)24
(5)20　　(6)16　　(7)12　　(8)8

❸ (1)16　　(2)32　　(3)28　　(4)20
(5)12　　(6)4　　(7)24　　(8)8
(9)36　　(10)32　　(11)24　　(12)36
(13)16　　(14)4　　(15)20　　(16)28
(17)8　　(18)12　　(19)28　　(20)24
(21)36　　(22)32

◁》 **ポイント**

❶❷4の段の九九を覚えさせましょう。
❸4の段の九九を使います。

6 まとめのテスト❶ 13ページ

❶ (1)5+5+5 (2)8+8+8+8
(3)2×6 (4)6×8

❷ (1)2 (2)14 (3)12 (4)15
(5)40 (6)10 (7)9 (8)27
(9)32 (10)16

❸ (1)8 (2)35 (3)28 (4)16
(5)8 (6)12 (7)4 (8)30
(9)3 (10)4 (11)18 (12)45
(13)15 (14)20 (15)24 (16)20
(17)6 (18)12 (19)18 (20)25

🔊 ポイント
❷2、3、4、5の段の九九を思い出しましょう。
❸2、3、4、5の段の九九を使います。

7 6のだんの九九 15ページ

❶ (1)6 (2)12 (3)18 (4)24
(5)30 (6)36 (7)42 (8)48
(9)54

❷ (1)54 (2)48 (3)42 (4)36
(5)30 (6)24 (7)18 (8)12

❸ (1)48 (2)6 (3)30 (4)36
(5)24 (6)42 (7)54 (8)18
(9)12 (10)48 (11)54 (12)42
(13)36 (14)12 (15)24 (16)30
(17)6 (18)18 (19)54 (20)42
(21)48 (22)36

🔊 ポイント
❶❷6の段の九九を覚えさせましょう。
❸6の段の九九を使います。

8 7のだんの九九 17ページ

❶ (1)7 (2)14 (3)21 (4)28
(5)35 (6)42 (7)49 (8)56
(9)63

❷ (1)63 (2)56 (3)49 (4)42
(5)35 (6)28 (7)21 (8)14

❸ (1)35 (2)7 (3)42 (4)14
(5)21 (6)28 (7)56 (8)63
(9)14 (10)56 (11)63 (12)21
(13)7 (14)49 (15)35 (16)42
(17)28 (18)49 (19)56 (20)63
(21)42 (22)49

🔊 ポイント
❶❷7の段の九九を覚えさせましょう。
❸7の段の九九を使います。

9 8のだんの九九 19ページ

❶ (1)8 (2)16 (3)24 (4)32
(5)40 (6)48 (7)56 (8)64
(9)72

❷ (1)72 (2)64 (3)56 (4)48
(5)40 (6)32 (7)24 (8)16

❸ (1)72 (2)40 (3)16 (4)48
(5)32 (6)64 (7)56 (8)24
(9)8 (10)56 (11)72 (12)16
(13)8 (14)64 (15)48 (16)40
(17)32 (18)24 (19)48 (20)56
(21)64 (22)72

🔊 ポイント
❶❷8の段の九九を覚えさせましょう。
❸8の段の九九を使います。

10 9のだんの九九 21ページ

❶ (1)9 (2)18 (3)27 (4)36
(5)45 (6)54 (7)63 (8)72
(9)81

❷ (1)81 (2)72 (3)63 (4)54
(5)45 (6)36 (7)27 (8)18

❸ (1)63 (2)54 (3)9 (4)18
(5)45 (6)72 (7)36 (8)81
(9)27 (10)36 (11)18 (12)81
(13)63 (14)9 (15)72 (16)54
(17)27 (18)45 (19)72 (20)81
(21)54 (22)63

🔊 ポイント
❶❷9の段の九九を覚えさせましょう。
❸9の段の九九を使います。

11 1のだんの九九 23ページ

❶ (1)1 (2)2 (3)3 (4)4
(5)5 (6)6 (7)7 (8)8
(9)9

❷ (1)9 (2)8 (3)7 (4)6
(5)5 (6)4 (7)3 (8)2

❸ (1)3 (2)8 (3)5 (4)6
(5)9 (6)2 (7)4 (8)7
(9)1 (10)6 (11)4 (12)8
(13)7 (14)9 (15)5 (16)2
(17)3 (18)1 (19)9 (20)6
(21)8 (22)7

🔊 ポイント
❶❷1の段の九九を覚えさせましょう。
❸1の段の九九を使います。

12 まとめのテスト❷ 　25ページ

❶ (1)12　(2)48　(3)24　(4)30
(5)49　(6)7　(7)21　(8)28
(9)40　(10)48　(11)16　(12)56
(13)81　(14)27　(15)63　(16)18
(17)7　(18)4　(19)2　(20)3

❷ (1)45　(2)54　(3)56　(4)5
(5)63　(6)72　(7)9　(8)36
(9)9　(10)35　(11)8　(12)81
(13)32　(14)42　(15)7　(16)6
(17)18　(18)63　(19)8　(20)64

🔊 **ポイント**
❶6、7、8、9、1の段の九九を思い出しましょう。
❷6、7、8、9、1の段の九九を使います。

13 九九① 　27ページ

❶ (1)4　(2)4　(3)18　(4)8
(5)7　(6)3　(7)10　(8)12
(9)5　(10)18　(11)1　(12)9
(13)12　(14)6　(15)6　(16)8
(17)3　(18)14　(19)2　(20)15

❷ (1)12　(2)15　(3)18　(4)12
(5)7　(6)16　(7)18　(8)10
(9)4　(10)8　(11)5　(12)14
(13)6　(14)8　(15)16　(16)15
(17)16　(18)9　(19)8　(20)12

14 九九② 　29ページ

❶ (1)24　(2)30　(3)30　(4)28
(5)24　(6)45　(7)24　(8)25
(9)35　(10)27　(11)32　(12)48
(13)40　(14)42　(15)21　(16)36
(17)36　(18)20　(19)54　(20)20

❷ (1)63　(2)72　(3)49　(4)72
(5)27　(6)56　(7)32　(8)54
(9)42　(10)64　(11)35　(12)63
(13)48　(14)21　(15)56　(16)24
(17)28　(18)45　(19)36　(20)40

15 九九③ 　31ページ

❶ (1)7　(2)2　(3)16　(4)12
(5)9　(6)6　(7)5　(8)6
(9)5　(10)6　(11)2　(12)12
(13)9　(14)3　(15)10　(16)12
(17)8　(18)3　(19)14　(20)18

❷ (1)24　(2)32　(3)81　(4)28
(5)40　(6)24　(7)32　(8)54
(9)56　(10)54　(11)21　(12)20
(13)36　(14)63　(15)27　(16)35
(17)35　(18)40　(19)30　(20)72

16 まとめのテスト❸ 　33ページ

❶ (1)9　(2)6　(3)16　(4)16
(5)18　(6)4　(7)15　(8)4
(9)1　(10)4　(11)18　(12)7
(13)9　(14)18　(15)8　(16)8
(17)14　(18)6　(19)2　(20)10

❷ (1)24　(2)21　(3)45　(4)10
(5)20　(6)56　(7)30　(8)42
(9)6　(10)24　(11)28　(12)63
(13)36　(14)25　(15)64　(16)27
(17)2　(18)72　(19)81　(20)42

17 パズル① 　35ページ

❶ (1)7×7　(2)1×9　(3)9×9
(4)4×5　(5)8×4

❷ (1)3×8　(2)6×9　(3)7×3
(4)8×2　(5)3×8

🔊 **ポイント**
❶(1)九九の中で、答えが49になるのは、7×7
(2)1の段で、答えが9になるのは、1×9
(3)九九の中で、答えがいちばん大きくなるのは、かける数もかけられる数もいちばん大きい9×9
(4)4の段で、一の位が0になるのは4×5
(5)8の段で、十の位が3になるのは8×4
❷(2)6の段で、一の位が4になるのは、6×4と6×9です。その中で、答えが25より大きいのは6×9
(3)7の段で、かける数とかけられる数をたすと10になることから、かける数は10−7=3になるので7×3

(4)8の段で、十の位が1になるのは8×2
(5)十の位が2で、この答えになる九九が4つある
かけ算は、3×8＝24、4×6＝24、6×4＝24、
8×3＝24です。この中でかける数がいちばん大
きくなるのは、3×8

18	かけ算のきまり①		37ページ

❶ (1)3　(2)4　(3)8　(4)6
　(5)5
❷ (1)5　(2)7　(3)9　(4)2
　(5)6
❸ (1)2　(2)4　(3)5　(4)2
　(5)5

🔊 **ポイント**

❶かける数が1大きくなると、答えはかけられる
数だけ大きくなります。
❷かける数が1小さくなると、答えはかけられる
数だけ小さくなります。

19	0や10とのかけ算		39ページ

❶ (1)0　(2)0　(3)0　(4)0
　(5)0　(6)0　(7)0　(8)0
　(9)0　(10)0　(11)0　(12)0
　(13)0　(14)0　(15)0　(16)0
　(17)0　(18)0
❷ (1)40　(2)60　(3)90　(4)50
　(5)70　(6)30　(7)80　(8)20
　(9)10　(10)60　(11)20　(12)70
　(13)10　(14)90　(15)30　(16)40

🔊 **ポイント**

❶どんな数に0をかけても、0にどんな数をかけて
も、答えは0になります。
❷(1)10×4＝10＋10＋10＋10＝40

20	かける数とかけられる数		41ページ

❶ (1)5　(2)9　(3)3　(4)2
　(5)8　(6)4　(7)9　(8)6
❷ (1)9　(2)7　(3)2　(4)3
　(5)1　(6)6　(7)8　(8)7
　(9)3　(10)9

🔊 **ポイント**

❶(1)4×□＝20より、4の段の答えが20になる
九九を選びます。4×5＝20より□にあてはまる
数は5です。
(2)5×□＝45より、5の段の答えが45になる九
九を選びます。5×9＝45より□にあてはまる数
は9です。
❷(2)□×7と7×□の答えは同じなので、
7×□＝49となる7の段の九九を選びます。
7×7＝49より□にあてはまる数は7です。

21	まとめのテスト❹		43ページ

❶ (1)4　(2)9　(3)8　(4)6
　(5)2　(6)2　(7)7　(8)5
❷ (1)0　(2)0　(3)0　(4)0
　(5)20　(6)90　(7)30　(8)40
❸ (1)6　(2)2　(3)8　(4)9

🔊 **ポイント**

❶(1)かける数が1大きくなると、答えはかけられ
る数だけ大きくなります。

(3)かける数が1小さくなると、答えはかけられる
数だけ小さくなります。
(5)8＝6＋2より、10×8＝10×6＋10×2
❷(1)どんな数に0をかけても、0にどんな数をかけ
ても、答えは0になるので、0×7＝0
(5)10×2＝10＋10＝20
❸(1)6×□＝36より、6の段の答えが36になる
九九を選びます。6×6＝36より□にあてはまる
数は6です。

22	あまりのない1けたのわり算①		45ページ

❶ (1)3　(2)8　(3)7　(4)6
　(5)1　(6)4　(7)6　(8)1
❷ (1)3　(2)5　(3)9　(4)1
　(5)4　(6)3　(7)8　(8)6
❸ (1)2　(2)9　(3)6　(4)7
　(5)9　(6)4　(7)2　(8)7
　(9)2　(10)3　(11)2　(12)4
　(13)5　(14)5　(15)7　(16)5
　(17)8　(18)1　(19)9　(20)8

🔊 **ポイント**

❶(1)6÷2の答えは、2×□＝6の□にあてはま
る数です。2の段で答えが6になる九九は、
2×3＝6なので、6÷2＝3となります。
❷(1)12÷4の答えは、4×□＝12の□にあては
まる数です。4の段で答えが12になる九九は、
4×3＝12なので、12÷4＝3となります。
❸(1)10÷5の答えは、5×□＝10の□にあては
まる数です。5の段で答えが10になる九九は、
5×2＝10なので、10÷5＝2となります。

23 あまりのない1けたのわり算② 47ページ

❶ (1)1　(2)4　(3)7　(4)9
　(5)6　(6)1　(7)5　(8)8
❷ (1)4　(2)8　(3)3　(4)4
　(5)7　(6)7　(7)8　(8)2
❸ (1)2　(2)9　(3)3　(4)5
　(5)4　(6)6　(7)9　(8)5
　(9)1　(10)6　(11)7　(12)9
　(13)5　(14)6　(15)1　(16)3
　(17)2　(18)8　(19)3　(20)2

ポイント
❶(1)6÷6の答えは、6×□＝6の□にあてはまる数です。6の段で答えが6になる九九は、6×$\boxed{1}$＝6なので、6÷6＝1となります。
❷(1)32÷8の答えは、8×□＝32の□にあてはまる数です。8の段で答えが32になる九九は、8×$\boxed{4}$＝32なので、32÷8＝4となります。
❸(1)12÷6の答えは、6×□＝12の□にあてはまる数です。6の段で答えが12になる九九は、6×$\boxed{2}$＝12なので、12÷6＝2となります。

24 あまりのない1けたのわり算③ 49ページ

❶ (1)4　(2)9　(3)6　(4)5
　(5)7　(6)3　(7)2　(8)8
❷ (1)0　(2)0　(3)0　(4)0
　(5)0　(6)0　(7)0　(8)0
❸ (1)9　(2)0　(3)7　(4)0
　(5)0　(6)4　(7)0　(8)6
　(9)8　(10)0　(11)5　(12)0
　(13)0　(14)1　(15)0　(16)2
　(17)3　(18)0　(19)0　(20)1

ポイント
❶わる数が1の答えは、わられる数と同じになります。
❷わられる数が0の答えは、いつも0になります。
❸わる数が1の答えは、わられる数と同じになります。わられる数が0の答えは、いつも0になります。

25 あまりのない1けたのわり算④ 51ページ

❶ (1)4　(2)4　(3)9　(4)2
　(5)5　(6)9　(7)5　(8)6
　(9)5　(10)9　(11)6　(12)7
　(13)8　(14)8　(15)9　(16)5
　(17)9　(18)0　(19)0　(20)2
❷ (1)4　(2)4　(3)3　(4)6
　(5)9　(6)0　(7)2　(8)5
　(9)8　(10)6　(11)4　(12)7
　(13)0　(14)2　(15)9　(16)6
　(17)3　(18)8　(19)8　(20)9

26 まとめのテスト❺ 53ページ

❶ (1)4　(2)4　(3)3　(4)1
　(5)1　(6)6　(7)1　(8)2
　(9)1　(10)0　(11)1　(12)2
　(13)2　(14)3　(15)2　(16)1
　(17)9　(18)0　(19)3　(20)5
❷ (1)7　(2)4　(3)4　(4)7
　(5)9　(6)6　(7)7　(8)0
　(9)5　(10)6　(11)6　(12)3
　(13)3　(14)3　(15)8　(16)8
　(17)7　(18)7　(19)1　(20)0

27 あまりのある1けたのわり算① 55ページ

❶ (1)4あまり1　(2)8あまり1
　(3)9あまり2　(4)8あまり1
　(5)7あまり1　(6)5あまり2
　(7)3あまり1　(8)1あまり3
❷ (1)8あまり2　(2)5あまり4
　(3)2あまり1　(4)3あまり2
　(5)6あまり3　(6)4あまり3
　(7)1あまり2　(8)3あまり1
　(9)4あまり1　(10)8あまり2
　(11)5あまり1　(12)8あまり3

ポイント
❶わり算のあまりはわる数より小さくなるようにします。
(1)9÷2について、2×3＝6、2×4＝8、2×5＝10となり、2×5で初めて9を超え、9−8＝1だから、9÷2＝4あまり1です。
(3)38÷4について、4×8＝32、4×9＝36、4×10＝40となり、4×10で初めて38を超え、38−36＝2だから、38÷4＝9あまり2です。
❷(2)29÷5について、5×5＝25、5×6＝30となり、5×6で初めて29を超え、29−25＝4だから、29÷5＝5あまり4です。

28 あまりのある1けたのわり算② 57ページ

❶ (1)4あまり3　(2)9あまり7
　(3)2あまり3　(4)9あまり5
　(5)3あまり2　(6)5あまり2
　(7)8あまり1　(8)7あまり1
❷ (1)7あまり4　(2)4あまり7
　(3)1あまり8　(4)3あまり5
　(5)8あまり4　(6)5あまり6
　(7)2あまり1　(8)7あまり6
　(9)9あまり6　(10)7あまり4
　(11)9あまり1　(12)8あまり5

◁)) ポイント
❶(1)35÷8について、8×3=24、8×4=32、8×5=40となり、8×5で初めて35を超え、35−32=3だから、35÷8=4あまり3です。

29 あまりのある1けたのわり算③ 59ページ

❶ (1)5あまり1　(2)3あまり1
　(3)1あまり3　(4)3あまり3
　(5)2あまり1　(6)4あまり2
　(7)4あまり2　(8)6あまり1
　(9)8あまり1　(10)3あまり1
❷ (1)5あまり5　(2)4あまり4
　(3)9あまり2　(4)8あまり3
　(5)9あまり1　(6)6あまり1
　(7)7あまり2　(8)5あまり1
　(9)6あまり2　(10)3あまり2

◁)) ポイント
❶わり算のあまりはわる数より小さくなるように気をつけさせましょう。

30 答えが10以上のわり算① 61ページ

❶ (1)10 (2)20 (3)10 (4)40
　(5)10 (6)20 (7)30 (8)20
　(9)10 (10)20 (11)10 (12)10
　(13)10 (14)10 (15)30 (16)50
　(17)90
❷ (1)30 (2)70 (3)90 (4)60
　(5)20 (6)70 (7)30 (8)80
　(9)70 (10)20 (11)30 (12)80
　(13)50 (14)60 (15)30 (16)50
　(17)80 (18)90 (19)60 (20)50
　(21)40 (22)40

◁)) ポイント
❶(2)60÷3は10をもとに考えると、10が6÷3=2(こ)だから、60÷3=20です。
❷(1)270÷9は10をもとに考えると、10が27÷9=3(こ)だから、270÷9=30です。
(8)160÷2は10をもとに考えると、10が16÷2=8(こ)だから、160÷2=80です。

31 答えが10以上のわり算② 63ページ

❶ (1)44 (2)21 (3)31 (4)32
　(5)14 (6)34 (7)11 (8)23
　(9)11 (10)12 (11)12 (12)22
　(13)21 (14)33 (15)21 (16)11
　(17)23
❷ (1)41 (2)31 (3)11 (4)32
　(5)22 (6)11 (7)13 (8)42
　(9)11 (10)22 (11)13 (12)12
　(13)11 (14)21 (15)12 (16)22
　(17)11 (18)31 (19)43 (20)23
　(21)33 (22)13

◁)) ポイント
❶(2)84を80と4に分けて計算します。80÷4は10のまとまりが8÷4=2(こ)だから、80÷4=20となり、4÷4=1だから、答えは20+1=21になります。
(4)64を60と4に分けて計算します。60÷2=30で、4÷2=2だから、答えは30+2=32になります。

32 まとめのテスト❻ 65ページ

❶ (1)8あまり2　(2)8あまり1
　(3)3あまり6　(4)7あまり2
　(5)8あまり3　(6)6あまり4
　(7)2あまり2　(8)9あまり7
　(9)2あまり4　(10)1あまり3
❷ (1)30 (2)20 (3)30 (4)10
　(5)40 (6)90 (7)50 (8)60
　(9)40 (10)70 (11)90 (12)70
　(13)80 (14)40 (15)50 (16)33
　(17)11 (18)24 (19)21 (20)14

◁)) ポイント
❶(1)74÷9について、9×8=72で、74−72=2だから、8あまり2です。
❷(1)60÷2は10のまとまりが6÷2=3(こ)で、30です。
(5)320÷8は10のまとまりが32÷8=4(こ)で、40です。
(16)99を90と9に分けます。90÷3=30で、9÷3=3だから、答えは30+3=33になります。

33	**パズル②**			67ページ

❶ (1)8　(2)7　(3)7　(4)2
　　(5)6　(6)11　(7)8　(8)10
❷ (1)1　(2)23　(3)44　(4)23
　　(5)41　(6)63

🔊 **ポイント**

❶(1)56÷9＝6あまり2だから、
56◎9＝6＋2＝8
(2)31÷7＝4あまり3だから、
31◎7＝4＋3＝7
(4)8÷4＝2で、あまりは0だから、
8◎4＝2＋0＝2
❷(1)2×3＝6、2＋3＝5だから、
2☆3＝6－5＝1
(2)7×5＝35、7＋5＝12だから、
7☆5＝35－12＝23

34	**（2けた×1けた）の計算**			69ページ

❶ (1)80　(2)90　(3)70　(4)30
　　(5)20　(6)50　(7)60　(8)40
❷ (1)60　(2)90　(3)80　(4)40
　　(5)60　(6)80　(7)100　(8)100
❸ (1)250　(2)160　(3)120　(4)120
　　(5)560　(6)120　(7)720　(8)180
　　(9)480　(10)160　(11)210　(12)180
　　(13)210　(14)360　(15)720　(16)350
　　(17)560　(18)350　(19)540　(20)540

🔊 **ポイント**

❶(2)90×1は10をもとに考えると、10が
9×1＝9だから、90×1＝90になります。
❷(1)20×3は10をもとに考えると、10が

2×3＝6(こ)だから、20×3＝60です。

35	**（2けた×1けた）の筆算①**			71ページ

❶ (1)26　(2)39　(3)28　(4)36
　　(5)66　(6)55　(7)22　(8)44
　　(9)24　(10)48
❷ (1)88　(2)46　(3)69　(4)64
　　(5)93　(6)44　(7)66　(8)48
　　(9)84　(10)86　(11)99　(12)82
　　(13)62　(14)84　(15)63

🔊 **ポイント**

❶(1)位を縦にそろえて書きます。
3×2＝6を一の位に書きます。
1×2＝2を十の位に書きます。
答えは26です。

$$\begin{array}{r} 1\,3 \\ \times\quad 2 \\ \hline 2\,6 \end{array}$$

❷(4)位を縦にそろえて書きます。
2×2＝4を一の位に書きます。
3×2＝6を十の位に書きます。
答えは64です。

$$\begin{array}{r} 3\,2 \\ \times\quad 2 \\ \hline 6\,4 \end{array}$$

36	**（2けた×1けた）の筆算②**			73ページ

❶ (1)96　(2)98　(3)38　(4)126
　　(5)72　(6)136　(7)102　(8)90
　　(9)54　(10)108
❷ (1)406　(2)138　(3)378　(4)183
　　(5)415　(6)150　(7)520　(8)108
　　(9)756　(10)588　(11)135　(12)192
　　(13)166　(14)696　(15)399

🔊 **ポイント**

❶(1)位を縦にそろえて書きます。
6×6＝36より、6を一の位に書き、
3を十の位に繰り上げます。
1×6＝6に繰り上げた3をたして9
となり、答えは96です。

$$\begin{array}{r} 1\,6 \\ \times\quad 6 \\ \hline 9\,6 \end{array}$$

❷(2)3×6＝18より、8を一の位に
書き、1を十の位に繰り上げます。
2×6＝12に繰り上げた1をたして
13となり、答えは138です。

$$\begin{array}{r} 2\,3 \\ \times\quad 6 \\ \hline 1\,3\,8 \end{array}$$

37	**（3けた×1けた）の計算**			75ページ

❶ (1)900　(2)400　(3)800　(4)200
　　(5)700　(6)600　(7)300　(8)500
❷ (1)800　(2)800　(3)400　(4)600
　　(5)600　(6)900　(7)1000
　　(8)1000
❸ (1)2700　(2)2100　(3)4000
　　(4)5400　(5)2800　(6)4000
　　(7)1800　(8)1200　(9)2700
　　(10)3200　(11)1800　(12)2800
　　(13)7200　(14)3000　(15)3600
　　(16)1400　(17)4200　(18)1600
　　(19)4500　(20)4200

🔊 **ポイント**

❶(1)900×1は100をもとに考えると、100が
9×1＝9(こ)だから、900×1＝900です。
❷(4)300×2は100をもとに考えると、100が
3×2＝6(こ)だから、300×2＝600です。

38 （3けた×1けた）の筆算① 77ページ

❶ (1)268 (2)396 (3)286 (4)363
(5)246 (6)484 (7)288 (8)399
(9)666 (10)369

❷ (1)686 (2)699 (3)844 (4)884
(5)446 (6)963 (7)669 (8)888
(9)868 (10)848 (11)884 (12)966
(13)442 (14)696 (15)804

📢 **ポイント**

❶(1)位を縦にそろえて書きます。
4×2＝8より、8を一の位に書きます。3×2＝6より、6を十の位に書きます。1×2＝2より2を百の位に書きます。答えは268です。

```
  134
×   2
  268
```

39 （3けた×1けた）の筆算② 79ページ

❶ (1)850 (2)3515 (3)675
(4)876 (5)896 (6)585
(7)936 (8)753

❷ (1)1656 (2)3195 (3)3143
(4)2140 (5)1290 (6)2704
(7)3920 (8)1776 (9)465
(10)2928 (11)3294 (12)8811
(13)1380 (14)4375 (15)2716

📢 **ポイント**

❶(3)位を縦にそろえて書きます。
5×3＝15より、5を一の位に書き、1を十の位に繰り上げます。
2×3＝6に繰り上げた1をたして7となり、7を十の位に書きます。
2×3＝6より、答えは675です。

```
  225
×   3
  675
```

---

❷(2)5×9＝45より、5を一の位に書き、4を十の位に繰り上げます。5×9＝45に繰り上げた4をたして49となり、9を十の位に書き、4を百の位に繰り上げます。3×9＝27に繰り上げた4をたして31となり、答えは3195です。

```
  355
×   9
 3195
```

40 まとめのテスト❼ 81ページ

❶ (1)60 (2)300 (3)1800
(4)6300

❷ (1)24 (2)66 (3)96 (4)104
(5)224 (6)126 (7)264 (8)180
(9)112 (10)384 (11)384 (12)657

❸ (1)414 (2)4284 (3)2184
(4)1944 (5)2916 (6)1824
(7)6561 (8)5103 (9)2304
(10)2961 (11)2695 (12)3696
(13)1496 (14)8820 (15)2464

📢 **ポイント**

❶(1)20×3は10をもとに考えると、10が2×3＝6(こ)だから、20×3＝60になります。
(3)300×6は100をもとに考えると、100が3×6＝18(こ)だから、300×6＝1800になります。

❷(4)3×8＝24より、4を一の位に書き、2を十の位に繰り上げます。1×8＝8に繰り上げた2をたして10となり、答えは104です。

```
   13
×   8
  104
```

❸(11)9×5＝45より、5を一の位に書き、4を十の位に繰り上げます。3×5＝15に繰り上げた4をたして19となり、9を十の位に書き、1を

```
  539
×   5
 2695
```

百の位に繰り上げます。5×5＝25に繰り上げた1をたして26となるので、答えは2695です。

41 かけ算のきまり② 83ページ

❶ (1)2 (2)4 (3)8 (4)2
(5)5 (6)4

❷ (1)15 (2)4 (3)25 (4)25
(5)6 (6)15 (7)4 (8)2
(9)125 (10)125

📢 **ポイント**

3つの数のかけ算では、初めの2つの数を先に計算しても、あとの2つを先に計算しても、答えは同じになります。

❶(1)かけ算のきまりより、
(17×2)×5＝17×(2×5)となるので、2です。

42 かけ算のきまり③　85ページ

❶ (1) 340　(2) 520　(3) 310
(4) 2040　(5) 2550
❷ (1) 830　(2) 540　(3) 5600
(4) 4900　(5) 24000
(6) 19000

🔊 ポイント
❶(1) $17×5×4=17×(5×4)=17×20$
$=340$
(2) $13×8×5=13×(8×5)=13×40$
$=520$
(5) $51×2×25=51×(2×25)=51×50$
$=2550$
❷(3) $56×25×4=56×(25×4)$
$=56×100=5600$
(5) $24×8×125=24×(8×125)$
$=24×1000=24000$

43 かけ算のきまり④　87ページ

❶ (1) 3　(2) 4　(3) 8　(4) 3
(5) 4　(6) 37　(7) 75　(8) 36
❷ (1) 430　(2) 510　(3) 910
(4) 830　(5) 640　(6) 820
(7) 580　(8) 650　(9) 2400
(10) 6700

🔊 ポイント
❶ かけられる数が同じ2つのかけ算をたすとき、先
にかける数をたして計算できます。
❷(1) $43×7+43×3=43×(7+3)$
$=43×10$
$=430$

(6) $41×18+41×2=41×(18+2)$
$=41×20$
$=820$
(9) $24×27+24×73=24×(27+73)$
$=24×100$
$=2400$

44 （2けた×2けた）の筆算①　89ページ

❶ (1) 352　(2) 276　(3) 294　(4) 495
(5) 156　(6) 168
❷ (1) 748　(2) 416　(3) 288　(4) 429
(5) 715　(6) 504　(7) 759　(8) 992

🔊 ポイント
❶(2) $23×2=46$ を書きます。
$23×1=23$ を左へ1桁ずらして書き
ます。たし算をすると、
$46+230=276$

```
  2 3
× 1 2
───────
  4 6
2 3
───────
2 7 6
```

❷(1) $34×2=68$ を書きます。
$34×2=68$ を左へ1桁ずらして書き
ます。たし算をすると、
$68+680=748$

```
  3 4
× 2 2
───────
  6 8
6 8
───────
7 4 8
```

45 （2けた×2けた）の筆算②　91ページ

❶ (1) 3102　(2) 2627　(3) 3071
(4) 4620　(5) 2832　(6) 2231
❷ (1) 2465　(2) 2328　(3) 3591
(4) 4187　(5) 2408　(6) 3108
(7) 1710　(8) 3666

🔊 ポイント
❶(2) $71×7=497$ を書きます。
$71×3=213$ を左へ1桁ずらして書
きます。たし算をすると、
$497+2130=2627$

```
    7 1
  × 3 7
───────
  4 9 7
2 1 3
───────
2 6 2 7
```

❷(1) $85×9=765$ を書きます。
$85×2=170$ を左へ1桁ずらして書
きます。たし算をすると、
$765+1700=2465$

```
    8 5
  × 2 9
───────
  7 6 5
1 7 0
───────
2 4 6 5
```

46 （3けた×2けた）の筆算①　93ページ

❶ (1) 2530　(2) 5040　(3) 5280
(4) 1339　(5) 3162　(6) 3080
❷ (1) 4906　(2) 5076　(3) 1599
(4) 10016　(5) 8652　(6) 5148
(7) 3616　(8) 9724

🔊 ポイント
❶(3) $120×4=480$ を書きます。
$120×4=480$ を左へ1桁ずらして
書きます。たし算をすると、
$480+4800=5280$

```
    1 2 0
  ×   4 4
─────────
    4 8 0
  4 8 0
─────────
  5 2 8 0
```

❷(2) $423×2=846$ を書きます。
$423×1=423$ を左へ1桁ずらして
書きます。たし算をすると、
$846+4230=5076$

```
    4 2 3
  ×   1 2
─────────
    8 4 6
  4 2 3
─────────
  5 0 7 6
```

47 （3けた×2けた）の筆算② 95ページ

❶ (1) 15444　(2) 17682
　 (3) 10754　(4) 12307
　 (5) 12032　(6) 33615
❷ (1) 38097　(2) 45765
　 (3) 21340　(4) 13113
　 (5) 48330　(6) 34895
　 (7) 58381　(8) 26738

🔊 ポイント

❶(2) 421×2＝842 を書きます。
421×4＝1684 を左へ 1 桁ずら
して書きます。たし算をすると、
842＋16840＝17682

```
    421
  ×  42
    842
  1684
 17682
```

❷(1) 459×3＝1377 を書きま
す。459×8＝3672 を左へ 1 桁
ずらして書きます。たし算をすると、
1377＋36720＝38097

```
    459
  ×  83
   1377
  3672
 38097
```

48 まとめのテスト❽ 97ページ

❶ (1) 430　　(2) 1700
❷ (1) 976　　(2) 532　　(3) 3069
　 (4) 2835　(5) 3952　(6) 1892
❸ (1) 2158　(2) 3502
　 (3) 4776　(4) 41238
　 (5) 26450　(6) 65088
　 (7) 74648　(8) 53280
　 (9) 23630

🔊 ポイント

❶(1) 43×2×5＝43×(2×5)＝43×10
＝430
(2) 17×25×4＝17×(25×4)
＝17×100＝1700
❷(4) 81×5＝405 を書きます。
81×3＝243 を左へ 1 桁ずらして書
きます。たし算をすると、
405＋2430＝2835

```
     81
  ×  35
    405
   243
  2835
```

❸(4) 474×7＝3318 を書きま
す。474×8＝3792 を左へ 1 桁
ずらして書きます。たし算をすると、
3318＋37920＝41238

```
    474
  ×  87
   3318
  3792
 41238
```

49 （2けた÷1けた）の筆算① 99ページ

❶ (1) 28　(2) 22　(3) 34　(4) 23
　 (5) 18　(6) 15　(7) 32　(8) 21
❷ (1) 12　(2) 13　(3) 23　(4) 12
　 (5) 13　(6) 11　(7) 16　(8) 15
　 (9) 11　(10) 13　(11) 14　(12) 17

🔊 ポイント

❶(1) 十の位の 5 を 2 でわり、商 2 を十
の位にたてます。2×2＝4 をして 5 か
らひくと、5－4＝1 となり、一の位の
6 をおろします。16 を 2 でわり、商 8
を一の位にたてます。2×8＝16 をし
て、16 からひくと、
16－16＝0 となるので、答えは 28

```
     28
  2)56
     4
     16
     16
      0
```

❷(2) 十の位の 9 を 7 でわり、商 1 を十
の位にたてます。7×1＝7 をして 9 か
らひくと、9－7＝2 となり、一の位の
1 をおろします。21 を 7 でわり、商 3
を一の位にたてます。7×3＝21 をし
て、21 からひくと、
21－21＝0 となるので、答えは 13

```
     13
  7)91
     7
     21
     21
      0
```

50 （2けた÷1けた）の筆算② 101ページ

❶ (1) 13あまり1　　(2) 16あまり2
(3) 37あまり1　　(4) 24あまり1
(5) 24あまり1　　(6) 31あまり1
(7) 14あまり2　　(8) 48あまり1

❷ (1) 14あまり4　　(2) 14あまり4
(3) 11あまり7　　(4) 18あまり2
(5) 15あまり1　　(6) 12あまり1
(7) 12あまり1　　(8) 11あまり5
(9) 21あまり3　　(10) 12あまり2
(11) 15あまり3　　(12) 19あまり3

🔊 ポイント

❶(1) 十の位の2を2でわり、商1を十
の位にたてます。2×1＝2をして2か
らひくと、2－2＝0となり、一の位の
7をおろします。7を2でわり、商3を
一の位にたてます。2×3＝6をして、
7からひくと、
7－6＝1となるので、
答えは13あまり1

$$\begin{array}{r} 13 \\ 2\overline{)27} \\ 2 \\ \hline 7 \\ 6 \\ \hline 1 \end{array}$$

❷(6) 十の位の9を8でわり、商1を十
の位にたてます。8×1＝8をして9か
らひくと、9－8＝1となり、一の位の
7をおろします。17を8でわり、商2
を一の位にたてます。8×2＝16をし
て、17からひくと、
17－16＝1となるので、
答えは12あまり1

$$\begin{array}{r} 12 \\ 8\overline{)97} \\ 8 \\ \hline 17 \\ 16 \\ \hline 1 \end{array}$$

51 （2けた÷1けた）の筆算③ 103ページ

❶ (1) 27　(2) 12　(3) 46　(4) 11
(5) 36　(6) 11　(7) 12　(8) 20
(9) 14　(10) 18

❷ (1) 10あまり7　　(2) 43あまり1
(3) 12あまり2　　(4) 17あまり2
(5) 22あまり2　　(6) 13あまり1
(7) 10あまり3　　(8) 17あまり2
(9) 14あまり1　　(10) 14あまり3

🔊 ポイント

❶(1) 十の位の8を3でわり、商2を十
の位にたてます。3×2＝6をして8か
らひくと、8－6＝2となり、一の位の
1をおろします。21を3でわり、商7
を一の位にたてます。3×7＝21をし
て、21からひくと、
21－21＝0となるので、答えは27

$$\begin{array}{r} 27 \\ 3\overline{)81} \\ 6 \\ \hline 21 \\ 21 \\ \hline 0 \end{array}$$

52 （2けた÷1けた）の筆算④ 105ページ

❶ (1) 16　(2) 19　(3) 15　(4) 26
(5) 16　(6) 14　(7) 35　(8) 14
(9) 17　(10) 11

❷ (1) 21あまり2　　(2) 18あまり1
(3) 14あまり3　　(4) 26あまり1
(5) 13あまり5　　(6) 27あまり1
(7) 16あまり2　　(8) 16あまり1
(9) 19あまり2　　(10) 13あまり5

🔊 ポイント

❷(1) 十の位の8を4でわり、商2を十
の位にたてます。4×2＝8をして8か
らひくと、8－8＝0となり、一の位の
6をおろします。6を4でわり、商1を
一の位にたてます。4×1＝4をして、
6からひくと、
6－4＝2となるので、
答えは21あまり2

$$\begin{array}{r} 21 \\ 4\overline{)86} \\ 8 \\ \hline 6 \\ 4 \\ \hline 2 \end{array}$$

53 まとめのテスト❾ 107ページ

❶ (1) 19　　(2) 27　　(3) 23
(4) 38　　(5) 33　　(6) 28あまり1
(7) 47あまり1　　(8) 32あまり1
(9) 17あまり1　　(10) 18あまり2

❷ (1) 19　　(2) 11　　(3) 13
(4) 15　　(5) 17　　(6) 15あまり2
(7) 11あまり2　　(8) 19あまり1
(9) 18あまり4　　(10) 10あまり3

🔊 ポイント

❶(6) 十の位の5を2でわり、商2を十
の位にたてます。2×2＝4をして5か
らひくと、5－4＝1となり、一の位の
7をおろします。17を2でわり、商8
を一の位にたてます。2×8＝16をし
て、17からひくと、
17－16＝1となるので、
答えは28あまり1

$$\begin{array}{r} 28 \\ 2\overline{)57} \\ 4 \\ \hline 17 \\ 16 \\ \hline 1 \end{array}$$

54 パズル③　109ページ

❶ (1) 5　　(2) 3　　(3) 2　　(4) 6
❷ (1) 3　　(2) 2　　(3) 2　　(4) 7

🔊 **ポイント**

❶(1) □09×7＝3□63より、□×7＝3□となることから、十の位が3の7の段は7×5＝35だから、□は5ということがわかります。また、509×3＝1527より3つ目の□も5となります。

(2) □47×□＝1041より、7×□の一の位が1になることから、7×3＝21だから、□は3ということがわかります。このとき、347×3＝1041より1つ目の□も3となります。

(3) 96□×9＝8658より、□×9の一の位が8になることから、2×9＝18だから、□は2ということがわかります。このとき、962×2＝1924で、8658＋19240＝27898より、ほかの□も2となります。

(4) 7□5×7＝5355で、700×7＝4900だから、□5×7＝5355−4900＝455となります。5×7＝35で、455−35＝420だから、□×7＝42より、□は6ということがわかります。このとき、765×6＝4590より、2つ目の□も6となります。

❷(1) 一の位のわり算について、□×2＝6より、□は3ということがわかります。

(2) 3−□＝1より、□は2ということがわかります。一の位のわり算について、12÷2＝6より、ほかの□も2となります。

55 （3けた÷1けた）の筆算①　111ページ

❶ (1) 157　　(2) 233　　(3) 124
❷ (1) 206　　(2) 130　　(3) 21　　(4) 14
　　(5) 16　　(6) 66　　(7) 96　　(8) 68

🔊 **ポイント**

❶(1) 百の位の6を4でわり、商1を百の位にたてます。6−4×1＝2で、十の位の2をおろします。22を4でわり、商5を十の位にたてます。22−4×5＝2で、一の位の8をおろします。28を4でわり、商7を一の位にたてます。28−4×7＝0より、答えは157です。

```
    157
4)628
  4
  22
  20
    28
    28
     0
```

❷(1) 百の位の6を3でわり、商2を百の位にたてます。6−3×2＝0で、十の位の1をおろします。1を3でわれないので、0を十の位にたて、一の位の8をおろします。18を3でわり、商6を一の位にたてます。18−3×6＝0より、答えは206です。

```
    206
3)618
  6
   18
   18
    0
```

(2) 百の位の7を6でわり、商1を百の位にたてます。7−6×1＝1で、十の位の8をおろします。18を6でわり、商3を十の位にたてます。18−3×6＝0より、一の位の0をおろします。0を一の位にたて、答えは130です。

```
    130
6)780
  6
   18
   18
    0
```

56 （3けた÷1けた）の筆算②　113ページ

(4) 百の位の1を8でわれないので、百の位に商がたちません。11を8でわり、商1を十の位にたてます。11−8×1＝3で、一の位の2をおろします。32を8でわり、商4を一の位にたてます。32−8×4＝0より、答えは14です。

```
   14
8)112
  8
  32
  32
   0
```

❶ (1) 166あまり3　　(2) 199あまり2
　　(3) 348あまり1
❷ (1) 240あまり3　　(2) 106あまり1
　　(3) 15あまり4　　(4) 21あまり7
　　(5) 69あまり4　　(6) 64あまり1
　　(7) 92あまり5　　(8) 90あまり1

🔊 **ポイント**

❶(1) 百の位の6を4でわり、商1を百の位にたてます。6−4×1＝2で、十の位の6をおろします。26を4でわり、商6を十の位にたてます。26−4×6＝2で、一の位の7をおろします。27を4でわり、商6を一の位にたてます。27−4×6＝3より、答えは166あまり3です。

```
    166
4)667
  4
  26
  24
   27
   24
    3
```

❷(1) 百の位の9を4でわり、商2を百の位にたてます。9−4×2＝1で、十の位の6をおろします。16を4でわり、商4を十の位にたてます。16−4×4＝0より、一の位の3をおろします。3を4でわれないので、0を一の位にたて、答えは240あまり3です。

```
    240
4)963
  8
  16
  16
   3
```

(2)百の位の7を7でわり、商1を百の位にたてます。7−7×1＝0で、十の位の4をおろします。4を7でわれないので、0を十の位にたて、一の位の3をおろします。43を7でわり、商6を一の位にたてます。
43−7×6＝1より、
答えは106あまり1です。

$$7\overline{)743}$$
（筆算）106 ／ 7 ／ 43 ／ 42 ／ 1

(3)百の位の1を9でわれないので、百の位に商がたちません。13を9でわり、商1を十の位にたてます。
13−9×1＝4で、一の位の9をおろします。49を9でわり、商5を一の位にたてます。49−9×5＝4より、答えは15あまり4です。

$$9\overline{)139}$$
（筆算）15 ／ 9 ／ 49 ／ 45 ／ 4

(8)百の位の8を9でわれないので、百の位に商がたちません。81を9でわり、商9を十の位にたてます。
81−9×9＝0で、一の位の1をおろします。1を9でわれないので、0を一の位にたて、
答えは90あまり1です。

$$9\overline{)811}$$
（筆算）90 ／ 81 ／ 1

---

57 （3けた÷1けた）の筆算③ 115ページ

❶ (1) 178あまり2　　(2) 39あまり2
(3) 312　　(4) 87あまり6
(5) 124あまり1

❷ (1) 231あまり2　　(2) 82
(3) 427あまり1　　(4) 140あまり4
(5) 232　　(6) 261

---

58 まとめのテスト⑩ 117ページ

❶ (1) 98　　(2) 106あまり1
(3) 65あまり1　　(4) 140あまり4
(5) 71　　(6) 55あまり1
(7) 21あまり3　　(8) 58

❷ (1) 165あまり4　　(2) 213
(3) 165　　(4) 292
(5) 138あまり1　　(6) 211あまり1

🔊 ポイント

❶(1)百の位の2を3でわれないので、百の位に商がたちません。29を3でわり、商9を十の位にたてます。
29−3×9＝2で、一の位の4をおろします。24を3でわり、商8を一の位にたてます。24−3×8＝0より、答えは98です。

$$3\overline{)294}$$
（筆算）98 ／ 27 ／ 24 ／ 24 ／ 0

(2)百の位の7を7でわり、商1を百の位にたてます。7−7×1＝0で、十の位の4をおろします。4を7でわれないので、0を十の位にたて、一の位の3をおろします。43を7でわり、商6を一の位にたてます。
43−7×6＝1より、

$$7\overline{)743}$$
（筆算）106 ／ 7 ／ 43 ／ 42 ／ 1

答えは106あまり1です。

(4)百の位の8を6でわり、商1を百の位にたてます。8−6×1＝2で、十の位の4をおろします。24を6でわり、商4を十の位にたてます。
24−6×4＝0より、一の位の4をおろします。4を6でわれないので、0を一の位にたて、
答えは140あまり4です。

$$6\overline{)844}$$
（筆算）140 ／ 6 ／ 24 ／ 24 ／ 4

❷(1)百の位の8を5でわり、商1を百の位にたてます。8−5×1＝3で、十の位の2をおろします。32を5でわり、商6を十の位にたてます。
32−5×6＝2で、一の位の9をおろします。29を5でわり、商5を一の位にたてます。29−5×5＝4より、答えは165あまり4です。

$$5\overline{)829}$$
（筆算）165 ／ 5 ／ 32 ／ 30 ／ 29 ／ 25 ／ 4

59 （2けた÷2けた）の筆算① 119ページ

❶ (1) 5 　(2) 6 　(3) 2 　(4) 4
　　(5) 2 　(6) 3 　(7) 2 　(8) 2
❷ (1) 2 　(2) 3 　(3) 4 　(4) 3
　　(5) 3 　(6) 3 　(7) 3 　(8) 6
　　(9) 4 　(10) 7 　(11) 6 　(12) 4

🔊 ポイント

❶(1)わる数の11を10とみて、
55÷10より5と見当をつけます。
見当をつけた商の5を一の位にたて、
11×5＝55より、55−55＝0と
なり、答えは5です。

$$\begin{array}{r} 5 \\ 11\overline{)55} \\ 55 \\ \hline 0 \end{array}$$

(4)わる数の18を10とみて、
72÷10より7と見当をつけます。
見当をつけた商の7を一の位にたてる
と、18×7＝126よりひけないので、
見当をつけた商を1小さくして6とす
ると、18×6＝108よりひけないの
で、見当をつけた商を1小さくし
て4とすると、18×4＝72よりひけな
いので、見当をつけた商を1小さくし
て4とすると、18×4＝72より、
72−72＝0となり、答えは4です。

$$\begin{array}{r} 4 \\ 18\overline{)72} \\ 72 \\ \hline 0 \end{array}$$

60 （2けた÷2けた）の筆算② 121ページ

❶ (1) 3あまり3 　(2) 4あまり7
　　(3) 5あまり4 　(4) 3あまり11
　　(5) 2あまり7 　(6) 6あまり9
　　(7) 3あまり1 　(8) 2あまり3
❷ (1) 2あまり4 　(2) 2あまり17
　　(3) 3あまり10 　(4) 3あまり4
　　(5) 2あまり16 　(6) 4あまり13
　　(7) 6あまり5 　(8) 3あまり16
　　(9) 5あまり6 　(10) 4あまり15
　　(11) 3あまり8 　(12) 3あまり18

🔊 ポイント

❶(1)63÷20より3と見当をつけま
す。見当をつけた商の3を一の位に
たて、20×3＝60より、
63−60＝3となり、
答えは3あまり3です。

$$\begin{array}{r} 3 \\ 20\overline{)63} \\ 60 \\ \hline 3 \end{array}$$

(3)わる数の11を10とみて、
59÷10より5と見当をつけます。
見当をつけた商の5を一の位にたて、
11×5＝55より、59−55＝4と
なり、答えは5あまり4です。

$$\begin{array}{r} 5 \\ 11\overline{)59} \\ 55 \\ \hline 4 \end{array}$$

(4)わる数の12を10とみて、
47÷10より4と見当をつけます。
見当をつけた商の4を一の位にたてる
と、12×4＝48より47からひけな
いので、見当をつけた商を1小さくし
て3とすると、12×3＝36より
47−36＝11となり、
答えは3あまり11です。

$$\begin{array}{r} 3 \\ 12\overline{)47} \\ 36 \\ \hline 11 \end{array}$$

❷(3)わる数の17を10とみて、
61÷10より6と見当をつけます。見
当をつけた商の6を一の位にたてると、
17×6＝102より61からひけない
ので、見当をつけた商を1小さくして
5とすると、17×5＝85もひけな
いので、見当をつけた商を1小さく
して4とすると、17×4＝68もひけ
ないので、見当をつけた商を1小さく
して3とすると、17×3＝51より
61−51＝10となり、
答えは3あまり10です。

$$\begin{array}{r} 3 \\ 17\overline{)61} \\ 51 \\ \hline 10 \end{array}$$

❶ (1) 1 あまり 37　　(2) 4
　 (3) 2 あまり 10　　(4) 1 あまり 10
　 (5) 2 あまり 16　　(6) 3 あまり 12
　 (7) 5 あまり 1　　(8) 2 あまり 13
　 (9) 4　　　　　　(10) 2 あまり 15
❷ (1) 2 あまり 16　　(2) 1 あまり 34
　 (3) 4 あまり 2　　(4) 3 あまり 15
　 (5) 2 あまり 1　　(6) 5 あまり 1
　 (7) 2 あまり 15　　(8) 8
　 (9) 1 あまり 35　　(10) 3 あまり 16
　 (11) 3 あまり 22　　(12) 5 あまり 4

🔊 ポイント

❶(1)わる数の 45 を 40 とみて、
82÷40 より 2 と見当をつけます。
見当をつけた商の 2 を一の位にたてる
と、45×2＝90 より 82 からひけな
いので、見当をつけた商を 1 小さくし
て 1 とすると、45×1＝45 より
82−45＝37 となり、
答えは 1 あまり 37 です。

$$45\overline{)82}$$
$$45$$
$$37$$

(2)わる数の 15 を 10 とみて、
60÷10 より 6 と見当をつけます。
見当をつけた商の 6 を一の位にたてる
と、15×6＝90 より 60 からひけな
いので、見当をつけた商を 1 小さくし
て 5 とすると、15×5＝75 もひけ
ないので、見当をつけた商を 1 小さく
して 4 とすると、15×4＝60 より
60−60＝0 となり、答えは 4 です。

$$15\overline{)60}$$
$$60$$
$$0$$

❶ (1) 1 あまり 6　　(2) 2 あまり 10
　 (3) 3 あまり 9　　(4) 8 あまり 1
　 (5) 4　　　　　　(6) 3 あまり 5
　 (7) 1 あまり 22　　(8) 3 あまり 11
　 (9) 2 あまり 19　　(10) 5 あまり 4
❷ (1) 2 あまり 17　　(2) 5 あまり 8
　 (3) 1 あまり 3　　(4) 3 あまり 3
　 (5) 5 あまり 5　　(6) 4 あまり 10
　 (7) 3 あまり 1　　(8) 2 あまり 14
　 (9) 2 あまり 13　　(10) 2 あまり 10
　 (11) 2 あまり 10　　(12) 3 あまり 3

🔊 ポイント

❶(1)わる数の 48 を 40 とみて、
54÷40 より 1 と見当をつけます。
見当をつけた商の 1 を一の位にたてる
と、48×1＝48 より
54−48＝6 となり、
答えは 1 あまり 6 です。

$$48\overline{)54}$$
$$48$$
$$6$$

(2)わる数の 16 を 10 とみて、
42÷10 より 4 と見当をつけます。
見当をつけた商の 4 を一の位にたてる
と、16×4＝64 より 42 からひけな
いので、見当をつけた商を 1 小さくし
て 3 とすると、16×3＝48 もひけ
ないので、見当をつけた商を 1 小さく
して 2 とすると、16×2＝32 より
42−32＝10 となり、
答えは 2 あまり 10 です。

$$16\overline{)42}$$
$$32$$
$$10$$

(9)わる数の 38 を 30 とみて、
95÷30 より 3 と見当をつけます。
見当をつけた商の 3 を一の位にたてる
と、38×3＝114 より 95 からひけ
ないので、見当をつけた商を 1 小さく
して 2 とすると、38×2＝76 より
95−76＝19 となり、
答えは 2 あまり 19 です。

$$38\overline{)95}$$
$$76$$
$$19$$

63 まとめのテスト⑪ 127ページ

❶ (1) 1あまり22　(2) 2あまり3
(3) 2あまり4　(4) 1あまり14
(5) 1あまり2　(6) 4あまり8
(7) 3あまり15　(8) 1あまり29
(9) 2あまり14　(10) 2あまり6

❷ (1) 4あまり10　(2) 2あまり2
(3) 1あまり20　(4) 2あまり3
(5) 2あまり12　(6) 3あまり10
(7) 3あまり13　(8) 3あまり17
(9) 6あまり1　(10) 2あまり25
(11) 3あまり6　(12) 3あまり1

🔊 ポイント

❶(1) わる数の28を20とみて、
50÷20より2と見当をつけます。
見当をつけた商の2を一の位にたてる
と、28×2=56より50からひけな
いので、見当をつけた商を1小さくし
て1とすると、28×1=28より
50−28=22となり、
答えは1あまり22です。

$$28\overline{)50}$$
$$\underline{28}$$
$$22$$

(2) わる数の13を10とみて、
29÷10より2と見当をつけます。
見当をつけた商の2を一の位にたてる
と、13×2=26より
29−26=3となり、
答えは2あまり3です。

$$13\overline{)29}$$
$$\underline{26}$$
$$3$$

❷(8) わる数の24を20とみて、
89÷20より4と見当をつけます。
見当をつけた商の4を一の位にたてる
と、24×4=96より89からひけな
いので、見当をつけた商を1小さくし
て3とすると、24×3=72より

$$24\overline{)89}$$
$$\underline{72}$$
$$17$$

89−72=17となり、
答えは3あまり17です。

64 （3けた÷2けた）の筆算① 129ページ

❶ (1) 4　(2) 5　(3) 3　(4) 7
(5) 5　(6) 6

❷ (1) 15　(2) 15　(3) 14
(4) 25　(5) 20　(6) 25
(7) 11　(8) 26

🔊 ポイント

❶(1) 1や12は32でわれないので、百の位と十の位に商はたちません。わる数の32を30とみて、128÷30より4と見当をつけます。見当をつけた商の4を一の位にたてると、32×4=128より128−128となり、答えは4です。

$$32\overline{)128}$$
$$\underline{128}$$
$$0$$

(4) 3や32は47でわれないので、百の位と十の位に商はたちません。わる数の47を40とみて、329÷40より8と見当をつけます。見当をつけた商の8を一の位にたてると、47×8=376より329からひけないので、見当をつけた商を1小さくして7とすると、47×7=329より329−329=0となり、答えは7です。

$$47\overline{)329}$$
$$\underline{329}$$
$$0$$

❷(1) 6は44でわれないので、百の位に商はたちません。わる数の44を40とみて、66÷40より1と見当をつけます。見当をつけた商の1を十の位にたてると、44×1=44より66−44=22で、一の位の0をおろします。
220÷40より5と見当をつけます。見当をつけた商の5を一の位にたてると、44×5=220より220−220=0となり、答えは15です。

$$44\overline{)660}$$
$$\underline{44}$$
$$220$$
$$\underline{220}$$
$$0$$

(2) わる数の19を10とみて、28÷10より2と見当をつけます。見当をつけた商の2を十の位にたてると、19×2=38より28からひけないので、見当をつけた商を1小さくして1とすると、19×1=19より28−19=9となり、一の位の5をおろします。95÷10より9と見当をつけます。見当をつけた商の9を一の位にたてると、95からひけないので、95からひける数になるまで商を1ずつ小さくしていくと、19×5=95より95−95=0となり、答えは15です。

$$19\overline{)285}$$
$$\underline{19}$$
$$95$$
$$\underline{95}$$
$$0$$

65 （3けた÷2けた）の筆算② 131ページ

❶ (1) 3あまり10　(2) 9あまり5
(3) 4あまり5　(4) 6あまり25
(5) 10あまり9　(6) 20あまり39

❷ (1) 74あまり6　(2) 11あまり5
(3) 25あまり9　(4) 15あまり12
(5) 12あまり14　(6) 23あまり11
(7) 19あまり17　(8) 17あまり11

🔊 ポイント

❶(1) 1や11は35でわれないので、百の位と十の位に商はたちません。わる数の35を30とみて、115÷30より3と見当をつけます。見当をつけた商の3を一の位にたてると、35×3＝105より115－105＝10となり、答えは3あまり10です。

```
      3
35)115
   105
    10
```

(6) わる数の44を40とみて、91÷40より2と見当をつけます。見当をつけた商の2を十の位にたてると、44×2＝88より91－88＝3で、一の位の9をおろします。39は44でわれないので、0を一の位にたて、答えは20あまり39です。

```
     20
44)919
   88
   39
```

❷(1) わる数の11を10とみて、82÷10より8と見当をつけます。見当をつけた商の8を十の位にたてると、11×8＝88より82からひけないので、見当をつけた商を1小さくして7とすると、82－77＝5で、一の位の0をおろします。50÷10より

```
     74
11)820
   77
   50
   44
    6
```

5と見当をつけます。見当をつけた商の5を一の位にたてると、11×5＝55より50からひけないので、見当をつけた商を1小さくして4とすると、11×4＝44より、
50－44＝6となり、
答えは74あまり6です。

(4) わる数の29を20とみて、44÷20より2と見当をつけます。見当をつけた商の2を十の位にたてると、29×2＝58より44からひけないので、見当をつけた商を1小さくして1とすると、29×1＝29より44－29＝15で、一の位の7をおろします。157÷20より7と見当をつけます。見当をつけた商の7を一の位にたてると、29×7＝203より157からひけないので、157からひける数になるまで商を1つずつ小さくしていくと、29×5＝145より157－145＝12となり、答えは15あまり12です。

```
      15
29)447
   29
   157
   145
    12
```

66 （3けた÷2けた）の筆算③ 133ページ

❶ (1) 11あまり41　(2) 10
(3) 22あまり20　(4) 31あまり16
(5) 6あまり19　(6) 14あまり16
(7) 30あまり3　(8) 7あまり29
(9) 31あまり8

❷ (1) 48あまり7　(2) 34あまり21
(3) 6　(4) 16あまり2
(5) 17あまり18　(6) 8あまり21
(7) 47あまり9　(8) 12あまり27

🔊 ポイント

❶(1) わる数の44を40とみて、52÷40より1と見当をつけます。見当をつけた商の1を十の位にたてると、44×1＝44より52－44＝8で、一の位の5をおろします。85÷40より2と見当をつけます。見当をつけた商の2を一の位にたてると、44×2＝88より85からひけないので、見当をつけた商を1小さくして1とすると、85－44＝41となり、答えは11あまり41です。

```
      11
44)525
   44
   85
   44
   41
```

(5) 30は47でわれないので、十の位に商はたちません。わる数の47を40とみて、301÷40より7と見当をつけます。見当をつけた商の7を一の位にたてると、47×7＝329より301からひけないので、見当をつけた商を1小さくして6とすると、47×6＝282より

```
       6
47)301
   282
    19
```

179

301−282=19となり、答えは6あまり19です。

(7)60÷20より商の3を十の位にたてると、20×3=60より、60−60=0で、一の位の3をおろします。3は20でわれないので、0を一の位にたて、答えは30あまり3です。

```
      30
20)603
    60
     3
```

❷(1)わる数の18を10とみて、87÷10より8と見当をつけます。見当をつけた商の8を十の位にたてると、18×8=144より87からひけないので、87からひける数になるまで商を1ずつ小さくしていくと、18×4=72より87−72=15で、一の位の1をおろします。151÷10より9と見当をつけます。見当をつけた商の9を一の位にたてると、18×9=162より151からひけないので、見当をつけた商を1小さくして8とすると、18×8=144より151−144=7となり、答えは48あまり7です。

```
      48
18)871
    72
   151
   144
     7
```

---

67 （3けた÷3けた）の筆算　135ページ

❶(1)5あまり1　(2)2あまり207
(3)3あまり14　(4)2あまり62
(5)2あまり62　(6)3あまり64

❷(1)2あまり232　(2)3あまり15
(3)7あまり80　(4)2あまり213
(5)6　(6)3あまり83
(7)6あまり50　(8)4あまり92

◁》ポイント

❶(1)わる数の109を100とみて、546÷100より5と見当をつけます。見当をつけた商の5を一の位にたてると、109×5=545より、546−545=1となり、答えは5あまり1です。

```
        5
109)546
    545
      1
```

(2)わる数の274を200とみて、755÷200より3と見当をつけます。見当をつけた商の3を一の位にたてると、274×3=822より755からひけないので、見当をつけた商を1小さくして2とすると、274×2=548より、755−548=207となり、答えは2あまり207です。

```
        2
274)755
    548
    207
```

❷(2)わる数の174を100とみて、537÷100より5と見当をつけます。見当をつけた商の5を一の位にたてると、174×5=870より537からひけないので、537からひける数になるまで商を1つずつ

小さくしていくと、174×3=522より、537−522=15となり、答えは3あまり15です。

```
        3
174)537
    522
     15
```

---

68 3けたまでのわり算の筆算　137ページ

❶(1)12あまり1　(2)28
(3)13あまり3　(4)25あまり1
(5)49あまり5　(6)37あまり1
(7)145あまり1　(8)135あまり2
(9)117あまり3

❷(1)7あまり7　(2)2あまり27
(3)5あまり12　(4)29あまり12
(5)7あまり1　(6)14あまり17
(7)2あまり6　(8)5あまり112

◁》ポイント

❶(1)十の位の3を3でわり、商1を十の位にたてます。3×1=3より、3−3=0で、一の位の7をおろします。7を3でわり、商2を一の位にたてます。3×2=6より、7−6=1となり、答えは12あまり1です。

```
    12
3)37
  3
  7
  6
  1
```

(5)3は7でわれないので、百の位に商はたちません。34を7でわり、商4を十の位にたてます。7×4=28より、34−28=6で、一の位の8をおろします。68を7でわり、商9を一の位にたてます。7×9=63より、68−63=5となり、答えは49あまり5です。

```
     49
7)348
  28
  68
  63
   5
```

(8) 百の位の5を4でわり、商1を百の位にたてます。5−4=1で、十の位の4をおろします。14を4でわり、商3を十の位にたてます。

4×3=12より、14−12=2で、一の位の2をおろします。22を4でわり、商5を一の位にたてます。

4×5=20より、22−20=2となり、答えは135あまり2です。

```
    1 3 5
4 ) 5 4 2
    4
    1 4
    1 2
      2 2
      2 0
        2
```

❷(2) わる数の36を30とみて、99÷30より3と見当をつけます。見当をつけた商の3を一の位にたて、36×3=108より99からひけないので、見当をつけた商を1小さくして2とすると、36×2=72より、99−72=27となり、答えは2あまり27です。

```
       2
36 ) 9 9
     7 2
     2 7
```

---

69 まとめのテスト⑫　139ページ

❶ (1) 9　　(2) 5あまり24
　 (3) 3あまり30　　(4) 4　　(5) 8
　 (6) 9あまり11　　(7) 28
　 (8) 16あまり27　　(9) 14あまり5
❷ (1) 64あまり1　　(2) 15　　(3) 16
　 (4) 25あまり35　　(5) 20あまり18
　 (6) 4あまり29　　(7) 2あまり20
　 (8) 3

◁» **ポイント**

❶(1) 14は16でわれないので、百の位と十の位に商はたちません。わる数の16を10とみて、144÷10より9と見当をつけます。見当をつけた商の9を一の位にたて

```
       9
16 ) 1 4 4
     1 4 4
         0
```

ると、16×9=144より144−144=0となり、答えは9です。

(7) わる数の12を10とみて、33÷10より3と見当をつけます。見当をつけた商の3を十の位にたてると、12×3=36より33からひけないので、見当をつけた商を1小さくして2とすると、12×2=24より33−24=9で、一の位の6をおろします。

96÷10より9と見当をつけます。見当をつけた商の9を一の位にたてると、12×9=108より96からひけないので、見当をつけた商を1小さくして8とすると、12×8=96より96−96=0となり、答えは28です。

```
       2 8
12 ) 3 3 6
     2 4
       9 6
       9 6
         0
```

❷(6) わる数の166を100とみて、693÷100より6と見当をつけます。見当をつけた商の6を一の位にたてると、166×6=996より693からひけないので、693からひける数になるまで商を1つずつ小さくしていくと、166×4=664より、693−664=29となり、答えは4あまり29です。

```
        4
166 ) 6 9 3
      6 6 4
        2 9
```

---

70 わり算の筆算のくふう　141ページ

❶ (1) 8　　(2) 3あまり10
　 (3) 9あまり30　　(4) 12あまり20
　 (5) 30　　(6) 19
❷ (1) 94　　(2) 35　　(3) 5
　 (4) 9あまり300　　(5) 6
　 (6) 5あまり400　　(7) 20　　(8) 42

◁» **ポイント**

❶(1) わられる数とわる数の0を1つずつ消してから計算します。24÷3=8となるので、答えは8です。

```
         8
3̸0̸ ) 2 4 0̸
     2 4
       0
```

(2) わられる数とわる数の0を1つずつ消してから計算します。28÷9=3あまり1となり、消した数だけあまりに0をつけると、答えは3あまり10です。

```
         3
9̸0̸ ) 2 8 0̸
     2 7
       1 0
```

(4) わられる数とわる数の0を1つずつ消してから計算します。86÷7を筆算のしかたにしたがって計算すると、86÷7=12あまり2となり、消した数だけあまりに0をつけると、答えは12あまり20です。

```
       1 2
7̸0̸ ) 8 6 0̸
     7
     1 6
     1 4
       2 0
```

(5) わられる数とわる数の0を1つずつ消してから計算します。6÷2で考えないことに注意しましょう。60÷2=30となるので、答えは30です。

```
       3 0
2̸0̸ ) 6 0 0̸
     6
       0
```

❷(3)わられる数とわる数の0を2つずつ消してから計算します。45÷9=5となるので、答えは5です。

$$
\begin{array}{r}
5 \\
900)\overline{4500} \\
45 \\
\hline
0
\end{array}
$$

(4)わられる数とわる数の0を2つずつ消してから計算します。39÷4=9あまり3となり、消した数だけあまりに0をつけると、答えは9あまり300です。

$$
\begin{array}{r}
9 \\
400)\overline{3900} \\
36 \\
\hline
300
\end{array}
$$

(7)わられる数とわる数の0を2つずつ消してから計算します。18÷9で考えないことに注意しましょう。180÷9=20となり、答えは20です。

$$
\begin{array}{r}
20 \\
900)\overline{18000} \\
18 \\
\hline
0
\end{array}
$$

(8)わられる数とわる数の0を2つずつ消してから計算します。21÷5で考えないことに注意しましょう。210÷5=42となり、答えは42です。

$$
\begin{array}{r}
42 \\
500)\overline{21000} \\
20 \\
\hline
10 \\
10 \\
\hline
0
\end{array}
$$

71 およその数のかけ算・わり算 143ページ

❶(1)2400 (2)7000
(3)12000 (4)16000
(5)180000
❷(1)720000 (2)2500000
(3)20 (4)30 (5)30
(6)400 (7)100 (8)80
(9)200 (10)400

ポイント

❶(1)58を上から2桁目である一の位の8を四捨五入して60、41を上から2桁目である一の位の1を四捨五入して40となります。よって、
$60×40=(6×4)×100=2400$
(2)97を上から2桁目である一の位の7を四捨五入して100、67を上から2桁目である一の位の7を四捨五入して70となります。よって、
$100×70=7000$
(3)613を上から2桁目である十の位の1を四捨五入して600、24を上から2桁目である一の位の4を四捨五入して20となります。よって、
$600×20=(6×2)×1000=12000$
(5)583を上から2桁目である十の位の8を四捨五入して600、314を上から2桁目である十の位の1を四捨五入して300となります。よって、
$600×300=(6×3)×10000=180000$
❷(2)4672を上から2桁目である百の位の6を四捨五入して5000、497を上から2桁目である十の位の9を四捨五入して500となります。よって、
$5000×500=(5×5)×100000$
$=2500000$
(3)773を上から2桁目である十の位の7を四捨五入して800、41を上から2桁目である一の位の1を四捨五入して40となります。よって、
$800÷40=80÷4=20$
(7)7301を上から2桁目である百の位の3を四捨五入して7000、69を上から2桁目である一の位の9を四捨五入して70となります。よって、
$7000÷70=700÷7=100$
(9)36821を上から2桁目である千の位の6を四捨五入して40000、219を上から2桁目である十の位の1を四捨五入して200となります。
よって、$40000÷200=400÷2=200$

72 大きな数の計算 145ページ

❶(1)10万 (2)800万 (3)12億
(4)680億 (5)8万 (6)100万
(7)4億 (8)400億
❷(1)70万 (2)300億 (3)80万
(4)900億 (5)40万 (6)63億
(7)20兆 (8)153兆 (9)48億
(10)156億 (11)8兆 (12)2460兆

ポイント

❶大きな数のたし算・ひき算は位をそろえて計算します。
❷10倍すると位が1つ、100倍すると位が2つ上がり、10でわると位が1つ下がります。

73 計算のじゅんじょ① 147ページ

❶(1)77 (2)66 (3)12 (4)72
(5)141 (6)53
❷(1)16 (2)23 (3)4 (4)12
(5)40 (6)71 (7)13 (8)74
(9)80 (10)316

ポイント

❶(1)かけ算、たし算の順に計算します。
$14+\underline{9×7}=14+63=77$
(2)かけ算、ひき算の順に計算します。
$84-\underline{6×3}=84-18=66$
(3)わり算、たし算の順に計算します。
$5+\underline{35÷5}=5+7=12$
(4)わり算、ひき算の順に計算します。
$80-\underline{32÷4}=80-8=72$
❷(1)かけ算、わり算、ひき算の順に計算します。
$\underline{6×3}-\underline{14÷7}=18-2=16$

(2)わり算、かけ算、たし算の順に計算します。
$63\div9+8\times2=7+16=23$
(4)左のわり算、右のわり算、たし算の順に計算します。$30\div6+56\div8=5+7=12$
(7)左のわり算、右のわり算、たし算の順に計算します。$10+81\div3\div9=10+27\div9$
$=10+3=13$
(8)かけ算、わり算、ひき算の順に計算します。
$77-5\times6\div10=77-30\div10=77-3=74$
(10)わり算、かけ算、たし算の順に計算します。
$468\div6+34\times7=78+238=316$

---

74 計算のじゅんじょ②			149ページ
❶ (1)51	(2)11	(3)2	(4)138
(5)80	(6)7		
❷ (1)12	(2)21	(3)10	(4)21
(5)161	(6)4	(7)28	(8)306
(9)18	(10)19		

🔊 **ポイント**
❶(1)( )の中のひき算、かけ算の順に計算します。
$(24-7)\times3=17\times3=51$
(2)( )の中のたし算、わり算の順に計算します。
$(60+6)\div6=66\div6=11$
(3)( )の中のひき算、わり算の順に計算します。
$(51-17)\div17=34\div17=2$
(5)( )の中のたし算、かけ算の順に計算します。
$4\times(9+11)=4\times20=80$
(6)( )の中のひき算、わり算の順に計算します。
$28\div(15-11)=28\div4=7$
❷(1)( )の中のかけ算、( )の中のたし算、たし算の順に計算します。$5+(2\times3+1)$
$=5+(6+1)=5+7=12$
(2)( )の中のわり算、( )の中のたし算、ひき算

の順に計算します。$31-(4+18\div3)$
$=31-(4+6)=31-10=21$
(3)( )の中のわり算、( )の中のかけ算、( )の中のたし算、ひき算の順に計算します。
$29-(77\div7+2\times4)=29-(11+8)$
$=29-19=10$
(4)( )の中のかけ算、( )の中のわり算、( )の中のひき算、たし算の順に計算します。
$10+(5\times4-81\div9)=10+(20-9)$
$=10+11=21$
(5)左の( )の中のひき算、右の( )の中のひき算、かけ算の順に計算します。
$(35-12)\times(15-8)=23\times7=161$
(6)左の( )の中のかけ算、右の( )の中のたし算、わり算の順に計算します。
$(12\times8)\div(18+6)=96\div24=4$
(7)( )の中のかけ算、( )の中のひき算、わり算の順に計算します。$(25\times4-16)\div3$
$=(100-16)\div3=84\div3=28$
(9)左の( )の中のかけ算、左の( )の中のひき算、右の( )の中のひき算、かけ算の順に計算します。
$(23-7\times2)\times(8-6)$
$=(23-14)\times(8-6)=9\times2=18$
(10)左の( )の中のわり算、右の( )の中のかけ算、左の( )の中のたし算、右の( )の中のひき算、ひき算の順に計算します。
$(18+32\div4)-(15-4\times2)$
$=(18+8)-(15-8)=26-7=19$

---

75 計算のじゅんじょ③			151ページ
❶ (1)13	(2)4	(3)50	(4)59
(5)46	(6)72	(7)21	(8)20
(9)7	(10)46		
❷ (1)8	(2)50	(3)30	(4)40
(5)31	(6)4	(7)11	(8)765
(9)9	(10)589		

🔊 **ポイント**
❶(1)$(21+18)\div3=39\div3=13$
(2)$28-8\times3=28-24=4$
(4)$43+(7+3\times3)=43+(7+9)$
$=43+16=59$
(6)$(48\div8)\times(5+7)=6\times12=72$
(7)$12\times3-30\div2=36-15=21$
(8)$23-90\div10\div3=23-9\div3$
$=23-3=20$
(9)$19-(25\div5+7)=19-(5+7)$
$=19-12=7$
❷(6)$(65-5\times9)\div(8\times2-11)$
$=(65-45)\div(16-11)=20\div5=4$
(9)$3\times(56\div8-52\div13)=3\times(7-4)$
$=3\times3=9$
(10)$74\times8-129\div43=592-3=589$

76 まとめのテスト⓭　153ページ

❶ (1) 26 あまり 10　(2) 65
(3) 5 あまり 200

❷ (1) 1　(2) 87　(3) 13　(4) 65
(5) 68　(6) 68

❸ (1) 44　(2) 116　(3) 7　(4) 161
(5) 5　(6) 238　(7) 2　(8) 21
(9) 27　(10) 3

◁)) ポイント

❶(1) わられる数とわる数の 0 を 1
つずつ消してから計算します。
$79 \div 3$ を筆算のしかたにしたがっ
て計算すると、$79 \div 3 = 26$ あま
り 1 となり、消した数だけあまりに
0 をつけると、
答えは 26 あまり 10 です。

$$\begin{array}{r} 26 \\ 30\,\overline{)\,79\,0} \\ 6 \\ \hline 19 \\ 18 \\ \hline 10 \end{array}$$

(3) わられる数とわる数の 0 を
2 つずつ消してから計算しま
す。$22 \div 4 = 5$ あまり 2 と
なり、消した数だけあまりに
0 をつけると、
答えは 5 あまり 200 です。

$$\begin{array}{r} 5 \\ 400\,\overline{)\,2200} \\ 20 \\ \hline 200 \end{array}$$

❷(1) $19 - 6 \times 3 = 19 - 18 = 1$
(3) $2 \times 9 - 40 \div 8 = 18 - 5 = 13$

❸(1) $52 - 32 \times 2 \div 8 = 52 - 64 \div 8$
$= 52 - 8 = 44$
(3) $(4 \times 8 - 11) \div 3 = (32 - 11) \div 3$
$= 21 \div 3 = 7$
(8) $(8 \times 3) - (105 \div 5 \div 7) = 24 - (21 \div 7)$
$= 24 - 3 = 21$

77 パズル④　155ページ

❶ (1) ÷　(2) ×　(3) ＋　(4) －
(5) ×　(6) ＋

❷ (1) 2　(2) 9　(3) 55　(4) 7
(5) 4

◁)) ポイント

❶(1) $27\square(4+5) = 27\square 9$ となり、
$27\square 9 = 3$ となる計算はわり算となります。
(2) $(12+6)\square 3 = 18\square 3$ となり、
$18\square 3 = 54$ となる計算はかけ算となります。
(3) $2 \times 4\square(5 \div 5) = 8\square 1$ となり、
$8\square 1 = 9$ となる計算はたし算となります。
(4) $6\square 4$ を○とすると、○$\times 8 = 16$ より、○は、
$16 \div 8 = 2$ だから、$6\square 4 = 2$ となる計算はひき
算となります。
(5) $3\square 10$ を○とすると、$(8-2)+$○$= 6+$○と
なり、$6+$○$= 36$ より、○$= 36 - 6 = 30$ だから、
$3\square 10 = 30$ となる計算はかけ算となります。
(6) $(2 \times 4\square 5) + 6 \times 11 = (8\square 5) + 66$ で、
$8\square 5$ を○とすると、○$+ 66 = 79$ より、
○$= 79 - 66 = 13$ だから、$8\square 5 = 13$ となる計
算はたし算となります。

❷(1) $(4 \times 6 - 7) \times \square = (24 - 7) \times \square = 17 \times \square$
で、$17 \times \square = 34$ だから、$\square = 34 \div 17 = 2$ と
なります。
(2) $\square \times 8 - (8+2) = \square \times 8 - 10$ で、$\square \times 8$ を○
とすると、○$- 10 = 62$ だから、
○$= 62 + 10 = 72$ となるので、$\square \times 8 = 72$ だか
ら、$\square = 72 \div 8 = 9$ となります。
(3) $\square \div 5$ を○とすると、○$- 8 = 3$ だから、○は、
$3 + 8 = 11$ となるので、$\square \div 5 = 11$ だから、
$\square = 11 \times 5 = 55$ となります。

(4) $6+\square - 30 \div 3 = 6 + \square - 10$ となり、$6+\square$
を○とすると、○$- 10 = 3$ だから、
○$= 10 + 3 = 13$ となるので、$6+\square = 13$ となり、
$\square = 13 - 6 = 7$ となります。
(5) $81 - 5 \times 2 \times \square = 81 - 10 \times \square$ となり、
$10 \times \square$ を○とすると、$81 - $○$= 41$ だから、
○$= 81 - 41 = 40$ となるので、$10 \times \square = 40$ と
なり、$\square = 40 \div 10 = 4$ となります。

❶ (1)8　(2)9　(3)8　(4)35
(5)24　(6)63　(7)20　(8)24
(9)54　(10)18　(11)60　(12)16
(13)72　(14)7

❷ (1)10　(2)20　(3)100　(4)4
(5)6

❸ (1)8　(2)3　(3)9　(4)7
(5)3　(6)6　(7)8　(8)2
(9)6　(10)2　(11)4　(12)9
(13)5　(14)7

🔊 **ポイント**

❶九九、10をもとにする計算を使いましょう。

❷(1)15×8+15×2=15×(8+2)=15×10

(2)17×12+17×8=17×(12+8)
=17×20

(3)18×48+18×52=18×(48+52)
=18×100

(4)6×□=24より、6の段で答えが24になる九九は、6×4=24なので、□にあてはまる数は4

(5)□×8=48より、8の段で答えが48になる九九は、6×8=48なので、□にあてはまる数は6

❸(1)56÷7の答えは、7×□=56の□にあてはまる数です。7の段で答えが56になる九九は、7×8=56なので、56÷7=8となります。

(2)27÷9の答えは、9×□=27の□にあてはまる数です。9の段で答えが27になる九九は、9×3=27なので、27÷9=3となります。

❶ (1)7あまり8　(2)3あまり3
(3)3あまり5　(4)5あまり4

❷ (1)10あまり5　(2)23あまり2
(3)38あまり1　(4)21
(5)11あまり7　(6)14

❸ (1)112　(2)138　(3)273
(4)477　(5)4312　(6)5928
(7)493　(8)748　(9)2325
(10)4644　(11)32171
(12)33333

🔊 **ポイント**

❶(1)71÷9について、9×7=63で、71−63=8だから、71÷9=7あまり8です。

(2)15÷4について、4×3=12で、15−12=3だから、15÷4=3あまり3です。

❷(1)十の位の6を6でわり、商1を十の位にたてます。6−6=0で、一の位の5をおろします。5は6でわれないので、0を一の位にたてて、答えは10あまり5です。

```
   10
6)65
   6
   5
```

(2)十の位の9を4でわり、商2を十の位にたてます。4×2=8より、9−8=1で、一の位の4をおろします。14を4でわり、商3を一の位にたてます。4×3=12より、14−12=2となり、答えは23あまり2です。

```
   23
4)94
   8
   14
   12
    2
```

❸(1)位をたてにそろえて書きます。6×7=42より、2を一の位に書き、4を十の位に繰り上げます。
1×7=7に繰り上げた4をたして11となり、答えは112です。

```
   16
 ×  7
  112
```

(6)位をたてにそろえて書きます。
1×8=8より、8を一の位に書きます。4×8=32より、2を十の位に書き、3を百の位に繰り上げます。
7×8=56に繰り上げた3をたして56+3=59となり、答えは5928です。

```
   741
 ×   8
  5928
```

(7)29×7=203を書きます。
29×1=29を左へ1桁ずらして書きます。たし算をすると、
203+290=493です。

```
    29
 ×  17
   203
    29
   493
```

(9)31×5=155を書きます。
31×7=217を左へ1桁ずらして書きます。たし算をすると、
155+2170=2325です。

```
    31
 ×  75
   155
   217
  2325
```

(11)607×3=1821を書きます。
607×5=3035を左へ1桁ずらして書きます。たし算をすると、
1821+30350=32171です。

```
    607
 ×   53
   1821
   3035
  32171
```

❶ (1) 124 あまり 2　　(2) 158
　 (3) 251 あまり 1　　(4) 2 あまり 13
　 (5) 2 あまり 14　　 (6) 5 あまり 6
　 (7) 4 あまり 9　　　(8) 3　　(9) 7 あまり 9
❷ (1) 22 あまり 14　　 (2) 5 あまり 6
　 (3) 16 あまり 17　　 (4) 2 あまり 81
　 (5) 7 あまり 300
❸ (1) 28　　(2) 15　　(3) 39　　(4) 11

◁)) ポイント

❶(1)百の位の8を7でわり、商1を
百の位にたてます。8−7＝1で、十
の位の7をおろします。17を7でわ
り、商2を十の位にたてます。
7×2＝14より、17−14＝3で、
一の位の0をおろします。
30を7でわり、商4を一の位にたて
ます。7×4＝28より、
30−28＝2となり、答えは
124あまり2です。

$$\begin{array}{r} 124 \\ 7\overline{)870} \\ 7 \\ \hline 17 \\ 14 \\ \hline 30 \\ 28 \\ \hline 2 \end{array}$$

(4)わる数の23を20とみて、
59÷20より2と見当をつけます。
見当をつけた商の2を一の位にたて、
23×2＝46より、59−46＝13
となり、答えは2あまり13です。

$$\begin{array}{r} 2 \\ 23\overline{)59} \\ 46 \\ \hline 13 \end{array}$$

(6)わる数の15を10とみて、
81÷10より8と見当をつけます。
見当をつけた商の8を一の位にたて、
15×8＝120より81からひけない
ので、81からひける数になるまで商
を1小さくしていくと、
15×5＝75より、81−75＝6と
なり、答えは5あまり6です。

$$\begin{array}{r} 5 \\ 15\overline{)81} \\ 75 \\ \hline 6 \end{array}$$

❷(2)36は71でわれないので、
十の位に商はたちません。わる
数の71を70とみて、
361÷70より5と見当をつけ
ます。見当をつけた商の5を一
の位にたて、71×5＝355より、
361−355＝6となり、
答えは5あまり6です。

$$\begin{array}{r} 5 \\ 71\overline{)361} \\ 355 \\ \hline 6 \end{array}$$

(3)わる数の27を20とみて、
44÷20より2と見当をつけま
す。見当をつけた商の2を十の
位にたて、27×2＝54より、
44からひけないので、見当をつ
けた商を1小さくして1とする、
27×1＝27より、
44−27＝17となり、一の位の
9をおろします。
179÷20より8と見当をつけ
ます。見当をつけた商8を一の
位にたて、27×8＝216より、
179からひけないので、179
からひける数になるまで商を1小
さくしていくと、27×6＝162よ
り、179−162＝17となり、
答えは16あまり17です。

$$\begin{array}{r} 16 \\ 27\overline{)449} \\ 27 \\ \hline 179 \\ 162 \\ \hline 17 \end{array}$$

(4)わる数の418を400とみて、
917÷400より2と見当をつけ
ます。見当をつけた商の2を一
の位にたて、418×2＝836よ
り、917−836＝81となり、
答えは2あまり81です。

$$\begin{array}{r} 2 \\ 418\overline{)917} \\ 836 \\ \hline 81 \end{array}$$

(5)わられる数とわる数の0を
2つずつ消してから計算しま
す。45÷6＝7あまり3と
なり、消した数だけあまりに
0をつけると、
答えは7あまり300です。

$$\begin{array}{r} 7 \\ 6\cancel{00}\overline{)45\cancel{00}} \\ 42 \\ \hline 300 \end{array}$$

❸(1) 16＋<u>3×4</u>＝16＋12＝28
(2) <u>9÷9</u>＋<u>7×2</u>＝1＋14＝15
(3) 92−(61−<u>2×4</u>)＝92−(<u>61−8</u>)
　＝92−53＝39
(4) (57−<u>3×8</u>)÷(<u>7−4</u>)＝(<u>57−24</u>)÷3
　＝33÷3＝11